KB023449

퍼즐 수학 입문

즐기면서 배우기 위하여

후지무라 고자부로·다무라 사부로 지음
임승원 옮김

전파과학사

머리말

도쿄에서 교토까지 똑바로 질주하는 신칸센(新幹線)을 교실에서 배우는 수학에 비유한다면, 수학퍼즐은 결국 도카이도〔東海道, 옛날 일본의 에토(도쿄)에서 교토에 이르는, 주로 해안을 따라 난 길〕의 53개 역참(驛站)을 따라 방방곡곡 즐기면서 어슬렁어슬렁 여행하는 것과 같은 것일 것이다.

수학은 정연한 이론체계를 이루는 학문이다. 그것을 체계의 순서대로 한눈도 팔지 않고 더듬어 가는 것은 가르치는 쪽으로서는 정말 합목적적으로 가장 짧은 거리를 가장 빠른 시간 내에 진행시킬 수 있어 매우 편리하지만 이와 반대로 배우는 사람의 입장에서 말한다면 단지 목적 없이 주입될 뿐이고 아무런 감동도 받지 않을 뿐만 아니라 무미건조하여 요컨대 중노동 그 자체가 된다는 것은 당연하고도 남음이 있는 이야기라 할 수 있을 것이다.

수학의 이론체계는 처음부터 정연하게 완성되어 있었던 것은 아니다. 그 체계를 만들어내기 위해 많은 선현들이 시행착오를 거듭하며 그야말로 고심참담한 끝에 가까스로 이룩한 것에 틀림없다. 그 대신 그 과정에서 뭐라 표현할 수 없는 발견, 발명의 기쁨을 맛보았을 것이다. 따라서 이것을 배우려면 그와 똑같은 과정을 다시 한 번 추적함으로써 비로소 수학을 흥미 있는 학문이라고 피부로 느낄 수 있다. 그러나 유감스럽게도 현재의 교육제도 하에서는 그러한 느긋한 일을 하고 있을 겨를이 없는 것 같다.

이 책에서 다루는 수학퍼즐은 바로 그 결함을 메우는 의미에서 참으로 유효적절한 소재이다. 퍼즐을 단순히 한숨 돌리기 위해 푸는 식자도 있겠으나 위에서 말한 것 같은 이유에서 오히려 수학적인 사물에 대한 사고 방법의 참모습을 이해, 파악할 수 있는 수단이 된다고 생각한다. 요컨대 시행착오의 반복으로부터 스스로 터득하고 스스로 배운다는, 그러한 것이 사실은 중요하지 않을까.

흔히 인용되는 예를 들어 미안하지만 확률론의 기원은 원래 도박에서 시작되었다고 한다. 도박은 물론 퍼즐이 아니지만 그 계교는 퍼즐처럼 호기심을 자극하는 것이었다. 수학자가 의뢰를 받아 이것을 채택해서 연구한 결과 수학의 중요한 한 분야를 개척하게 되었다.

최근의 좋은 예로서는 지금까지 퍼즐의 범위 안에 있었던 문제가 컴퓨터의 개발에 따라 정보이론의 연구에까지 전개된 것이 있다. 장차 어떠한 것이 어떠한 방면으로 발전해 가는지, 그 진보는 헤아리기 어렵고 아무튼 인간은 아직 보지 못한 것에 끌린다는 것을 통감하고 있다.

후지무라 고자부로

차례

Ⅰ. 기본적 퍼즐

이 장에서 채택한 퍼즐은 쉬운 것뿐이어서 아마 뒷면의 해답을 보지 않아도 바로 알 수 있는 문제이다. 그러나 그 해답의 사고 방법이 중요하고 나중의 문제에서도 반복해서 그러한 사고 방법을 사용한다는 의미에서 기본적인 것이다.

게임 코너 (1)

〈트럼프 점〉 혼자 하는 트럼프놀이다. 조커를 제외한 52매의 카드를 잘 쳐서 손에 들고, 먼저 4매를 가로 1열로 배열한다.

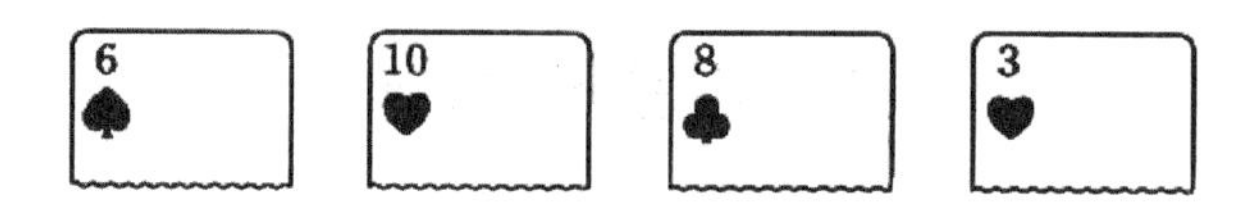

만일 이 안에 같은 마크의 것이 있다면 아래 자리의 것(점수가 낮은 것, 다만 A는 최고)을 버린다. 위의 그림에서는 ♥10과 비교해서 ♥3을 버린다. 다음으로 4매를 그 위에 약간 비켜서 1열로 놓는다(오른쪽 끝만은 1매).

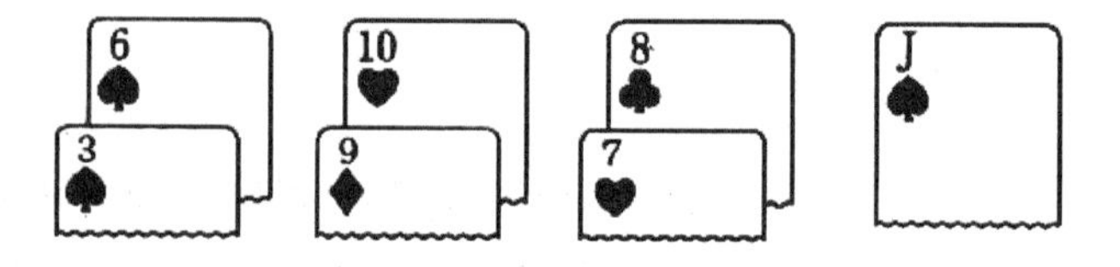

오른쪽 끝과 왼쪽 끝을 비교하여 ♠3을 버린다. 거듭 오른쪽 끝과 왼쪽 끝을 비교하여 ♠6도 버린다. 왼쪽 끝의 빈자리에는 ◆9나, ♥7의 어느 쪽인가를 옮길 수 있다. 이 경우는 ◆9를 옮기면 ♥10과 ♥7을 비교해서 ♥7을 버릴 수 있어 유리하다(만일, ♥7을 옮기면 그것을 할 수 없어 손해다. 비교할 수 있는 것은 포개서 위로 된 카드끼리 뿐이다). 위의 카드가 모두 다른 마크가 되었으므로 또 4매를 그들 위에 배열해서 비교해 본다.

이처럼 순차적으로 버릴 수 있는 것을 버려서 마지막에 A만이 4매 남아 1열로 배열되면 OK가 되는 셈이다. 남는 카드가 많을수록 운세는 좋지 않다고 해도 될 것이다.

퍼즐에서의 사고 방법

퍼즐은 재미있다. 그 재미의 원인을 찾아보면 문제의 재미, 푸는 재미, 해법의 아름다움, 결과의 의외성 등을 생각할 수 있다.

일반적으로 퍼즐 책의 대부분은 문제의 재미, 결과의 의외성 등에 중점을 두고 있는 것 같다. 그러나 '퍼즐'을 재료로 하여 '수학 입문'을 지향하고 있는 이 책으로서는 '푸는 재미'와 '해법의 아름다움'에 중점을 두고자 생각한다.

그래서 퍼즐이나 수학 속에서 흔히 사용되는 독특한 사고 방법의 몇 가지를 예를 들어 설명한다.

(A) 1대 1의 대응

어떤 방에 놓여있는 의자의 수와 그 방에 있는 사람의 수의 대소를 비교하고자 할 때, 의자의 개수와 인원수를 각각 세어볼 필요가 있는가? 하나의 의자에 한 사람씩 걸터앉게 하여 전원이 앉았는데도 아직 의자가 남아 있으면 의자가 많고, 빈 의자가 없는데도 아직 서 있는 사람이 있으면 사람 쪽이 많다는 것을 알 수 있다. 또 과부족 없이 전원 의자에 앉을 수 있어 빈 의자가 없으면 의자와 사람은 서로 하나가 하나씩 대응(1대 1로 대응)하고 있고 의자의 개수와 인원수는 같다는 것을 알 수 있다.

큰 수를 셀 수 없는 사람이라도 두 손의 손가락 수만큼 날짜를 말한 뒤 〈10일 후〉에 만나자는 약속을 할 수 있다. 이것은 손가락의 개수와 일수를 1대 1로 대응시켰기 때문이다.

이처럼, 세는 것(수의 개념)보다도 1대 1 대응의 사고 쪽이 기본적이라는 것을 알 수 있다. 그런데 아무리 큰 수라도 자유로이 셀 수 있는 우리에게는 이러한 유치한 1대 1의 대응이라는 셈의 사고 등은 필요 없다고 생각될지도 모른다. 그러나 퍼즐을 풀거나 수학의 문제를 생각하거나 하는 데에 매우 도움이 된다. 그러한 예를 들어보자.

예제 1. 오다 노부나가(織田信長)가 가신(家臣)들에게 '이 삼목(杉木)의 숲에 몇 개의 삼목이 있는지 조사해 오라'라고 명령하였다. 가신들은 1개, 2개라 세었지만 금방 잘못 세어 좀처럼 잘 셀 수 없었다. 그런데 기노시타 토키치로(木下蘇吉郞)는 훌륭한 방법을 생각해 내어 칭찬을 받았다는 이야기이다. 토키치로는 어떠한 방법으로 센 것일까?

아마 이내 알아차렸을 것이다. 1,000개의 새끼줄을 준비하여 부하들에게 분담시켜 삼목 1개, 1개에 새끼줄을 묶어간 것이다. 다음은 남은 새끼줄을 세어서 처음의 1,000개에서 빼면 바로 삼목의 개수를 알 수 있다.

삼목과 새끼줄을 1대 1로 대응시킴으로써 세기 힘든 삼목 대신에 세기 쉬운 새끼줄을 세는 것으로 전환한 셈이다. 얄밉도록 완벽한 방법이 아닐까.

이와 같이 직접 그 자체의 개수를 세기 어려울 때는, 그것과 1대 1로 대응하고 있는 것의 개수를 조사함으로써 구하기 어려운 개수를 알 수 있다.

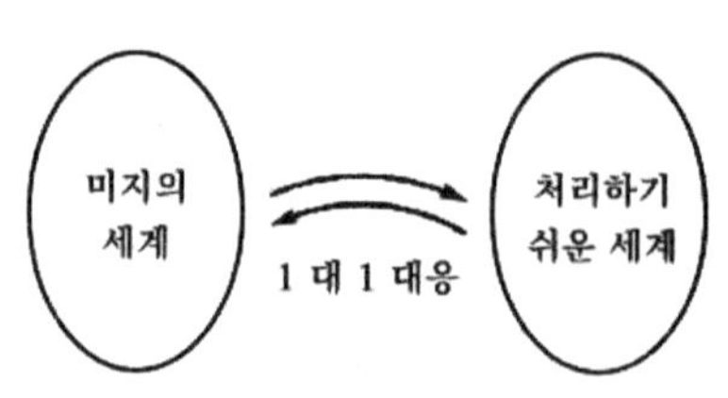

예제 2. 작년의 고교야구 시합에서 41개교가 출전하고 A고등학교가 우승하였다. 전부 몇 번의 시합이 있었을까? 다만 무승부 시합은 없었던 것으로 한다. 또한 이 야구대회는 토너먼트식(승자 진출식)이다.

시합의 조합 방법을 보지 않고는 무어라 말할 수 없다고 생각하는 사람도 있을지 모르나 조합 방법에는 관계없이 시합 수는 결정돼 버린다. 무승부가 없으므로 시합이 있으면 반드시 그 시합에는 지는 팀이 있다. 즉 시합에는 진 팀이 1대 1로 대응하고 있다. 게다가 진 팀의 수는 출전한 학교 중 우승팀만을 제외한 나머지 40개 팀이므로 구하는 시합 수는 40시합이라는 것이 된다.

1대 1대응의 사고는 퍼즐을 풀 때뿐만 아니라 수학의 문제를 생각할 때에도 흔히 이용된다. 거듭 유한개의 것을 셀 때뿐만 아니라 오히려 무수한 것을 셀 때 유효하게 사용되고 있다.

(B) 간단화, 도식화

퍼즐이나 수학의 문제를 풀 때 그 내용을 수식으로 고쳐 적으려고 시도하거나 그림이나 표로서 표현하려고 하는 일이 있다. 이러한 것은 내용을 처리하기 쉬운 형태로 고쳐 적는 것에 해당한다. '1대 1의 대응'의 부분에서도 말한 것처럼 처리하기 쉬운 세계로 고쳐 만들어 거기서 여러 가지 관계를 조사한 다음, 처음의 미지 세계로 되돌려 보면 미지의 세계는 해명된 것으로 되는 셈이다.

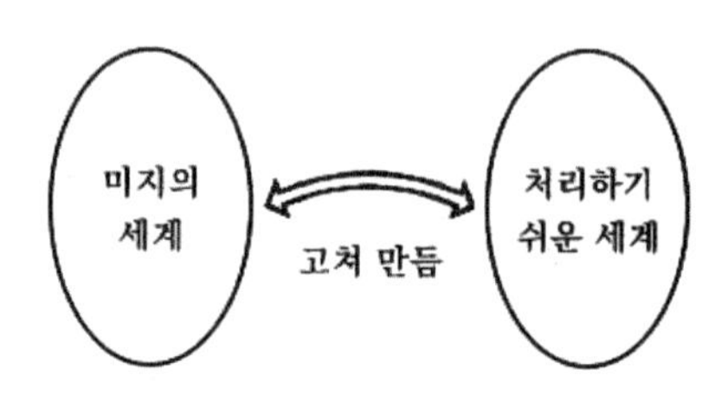

내용을 단순화, 추상화할 수 있으면 훨씬 처리하기 쉬워진다. 수식의 형태로까지 추상화할 수 있으면 나머지는 수식 변형술(變形術)—대수—을 사용하는 것뿐이고, 도형으로서 표현할 수 있으면 직관적으로 통찰도 가능하므로 매우 생각하기 쉬워진다. 때로는 표의 형태로 고쳐서 정리하는 것만으로 해결되는 일도 많다.

예제 3. 소나기가 내린다. 우산이 없는데, 이럴 때 당신 같으면 어떻게 하는가?

이 문제는 수학의 문제가 되기 이전의 산 소재다. 보통 교과서 속이나 입시에 출제되고 있는 수학의 문제는 출제자 자신의 손으로 추상화되어 풀 수 있는 문제의 형태, 이를테면 '수학의 문제'로 만들어져 있다. 여러분은 이처럼 조리된 문제밖에는 본 일이 없으므로 현상(現象) 안에서 수학적 내용을 끄집어내어 자기 스스로 수학의 문제를 만든다는 것은 매우 서툰 것 같다.

실생활에서는 전자오락이라도 하여 비가 멎는 것을 기다리든가, 누군가의 우산 속에 끼어들거나 연락을 취해 우산을 가지고 오게 하는 방법이 있을 것이다. 그러나 여기서는 이러한 상황은 모두 버리고 넓은 들판에 단지 혼자 있는 경우를 상상하기 바란다. 이러한 가공적인 경우를 생각하는 것은 하나의 추상화이다.

또, 비는 같은 세기로 내리는 것으로 하고 바람도 없는 것으로 가정한다. 또한 달리는 편이 기분이 후련하다든가 젖는 것은 비참하다든가 하는 감정적 요소도 버리자. 달리는 편이 지치고, 뛰거나 날더라도 옷은 더러워진다는 사실도 생각하지 않기로 한다. 이렇게 하여 다루기 어려운 면을 모두 버리면, 마지막에는 달리는 편이 적게 젖는가 어떤가라는 점만이 남는다.

사람의 몸은 복잡한 형태를 하고 있어 다루기가 어려우므로 생각하기 쉽도록 직육면체로 간주한다. 또 몸을 비스듬히 하면 젖는 것도 달라지므로 몸—직육면체—을 수직으로 세운 채로 수평으로 이동하는 것으로 한다.

마침내 문제의 의미가 분명해졌다. 그래서 문제는 다음과 같이 될 것이다.

'바람은 없으나 비가 같은 세기로 계속 내리고 있는 넓은 들판의 A지점에서 B지점까지 직육면체를 수평으로 이동시킨다. 이때 이동의 속도가 빠를수록 직육면체가 적게 젖는다고 할 수 있을까?'

직육면체도 움직이고 비도 끊임없이 위에서 아래로 계속 내리고 있다고 생각하는 것은 상당히 어려운 것이므로 출발 시 공중에 있는 비를 그대로의 상태로 멈춘 것으로 생각한다. 직육면체에 내리덮이는 비를 정지(靜止)하고 있는 빗방울로 나타내려면 공중에 정지하고 있는 빗방울 속을 이 직육면체가 마치 하늘을 향해서 비스듬히 뛰어 올라가는 것처럼 생각하면 된다.

다음 그림은 직육면체가 평행이동할 때의 진행 방향을 따라간 단면도이다. 직육면체는 직사각형 PQRS의 내부 깊이를 생각한 것이지만 안 깊이는 일정하므로 그것을 1이라 생각해서 내부 깊이를 무시한다. 즉 사람의 몸을 직사각형 PQRS라 생각하고 있는 것에

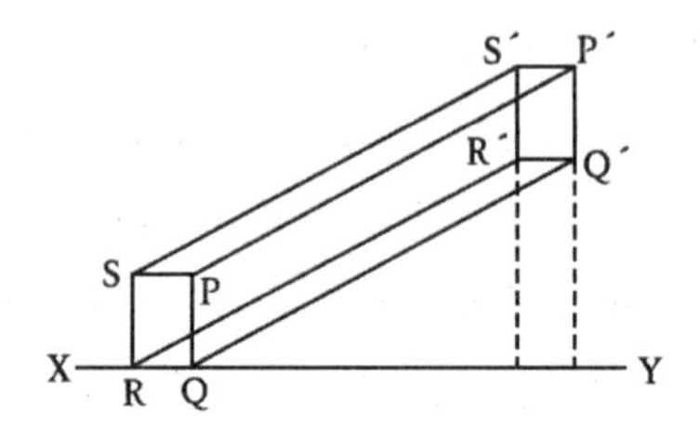

상당한다.

그런데 목적지에 도착했을 때에 닥쳐오는 비는 처음 공중 P′Q′R′S′에 있었던 빗방울이어야 할 것이다. 따라서 출발점에서 목적지까지 이동하는 동안에 닥쳐오는 비는 직사각형이 이동한 넓이—▱P′Q′QP와 ▱P′PSS′의 넓이의 합—라 생각할 수 있다.

그런데 ▱P′Q′QP의 넓이는 속도가 빠르건 느리건 그것에는 관계없이 일정하다(▱P′Q′QP의 넓이는 PQ에 A와 B의 거리를 곱한 것이므로). 한편 ▱P′PSS′의 넓이 쪽은 속도가 빠르면 높이는 낮아져서 그만큼 넓이는 작아진다.

결국 몸의 전면에 닥치는 비는 속도가 바뀌어도 일정하지만 머리에 닥치는 비는 속도가 빠를수록 적어지므로 전체로서 속도가 빠를수록 적게 젖는다는 것이다.

예제 4. 쾨니히스베르크 시내를 프레겔강이 흐르고 있고 거기에 7개의 다리가 걸려 있다. 같은 다리를 두 번 건너지 않고 이들 7개의 다리를 차례로 전부 건너기 바란다.

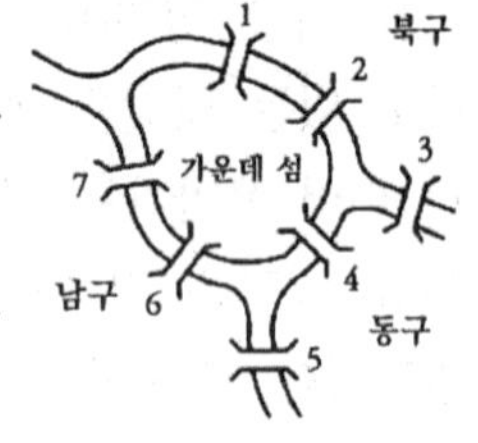

이 다리 건너기 문제의 4개의 지구를 점으로 표시하고 다리를

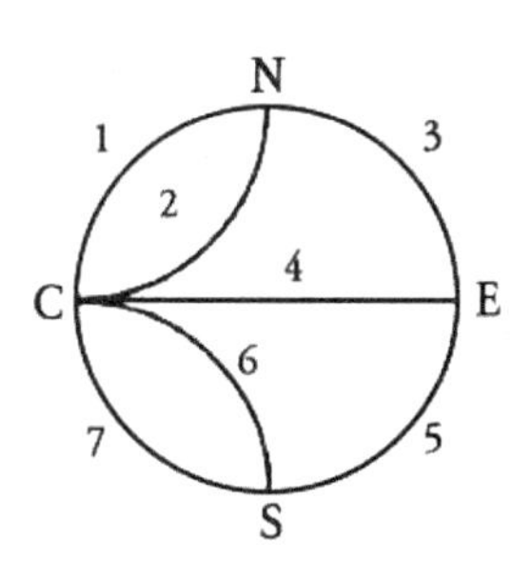

선으로 나타내면 매우 단순한 도형이 된다〔이 도형을 선계(線系)라 부르기로 한다〕. 그러면 어떤 다리도 한 번만 지난다는 것은 선계의 어떤 선도 한 번만 지난다는 것이 된다. 따라서 다리 건너기 문제의 선계를 '일필휘지(一筆揮之)'로 그리는 문제가 돼 버린다.

일필휘지로 그린 선계에는 반드시 그리기 시작하는 점(시발점)과 그림이 끝나는 점(종점)이 있다. 이들 이외의 점(도중점)은 어느 것도 들어가는 선이 있으면 반드시 나가는 선이 있으므로 도중점에 모이는 선은 짝수이다(어떤 점에 모이는 선의 수가 짝수, 홀수일 때 그 점을 각각 짝점, 홀점이라 하기로 한다). 그러면 도중점은 모두 짝점이다. 시발점과 종점이 일치하고 있을 때는 그 점도 짝점이 되므로 그 선계는 모두 짝점이다. 시발점과 종점이 일치하지 않을 때는 시발점과 종점만이 홀점이고 그 밖은 모두 짝점이므로 홀점은 2개뿐이다. 이러한 것으로부터 일필휘지로 그린 선계에 대해서 다음의 것이 성립한다.

<u>(*)일필휘지로 그려진 선계의 홀점의 수는 0개이거나 2개이다.</u>

쾨니히스베르크의 다리 건너기 문제를 바꿔 적은 선계에는 홀점이 4개 있으므로 (*)로부터 이 선계는 일필휘지로는 그릴 수 없다(여기서 배리법—뒤의 (E)에서 설명한다—이 사용되고 있다). 따라서 쾨니히스베르크의 다리 건너기는 불가능하다는 것이 된다.

쾨니히스베르크의 다리 건너기 문제를 저렇게도 아니고 이렇게도 아니라고 여러 가지 시도해보고 결국 할 수 없었던 사람은 화가 날지도 모른다. "뭐야, 불가능했던 거야! 업신여기지 마. 아무리 해도 할 수 없었던 나도 역시 옳았던 것이야."

그러나 잘 생각하기 바란다. 여러 가지로 시도해보고 할 수 없었던 것과 누가 하든 결코 할 수 없다는 것을 증명했다는 것에는 큰 차이가 있다. 학교의 수학에는 풀이가 있는 문제만 출제되는 것이니까 수학의 문제에는 반드시 해답이 있는 것으로 생각하고 있는지도 모른다. 그러나 퍼즐이나 수학 중에는 답이 없는 문제도 있다. 이때 답을 얻을 수 없다는 증명—불가능성의 증명—을 해 둘 필요가 있다.

(C) 2치화 2분법

우리들이 사물을 생각할 때 두 가지 경우로 나눠서 생각하는 일이 많은 것 같다. Yes냐 No냐, 정말이냐 거짓말이냐, 있느냐 없느냐, On이냐 Off냐, 백이냐 흑이냐, 겉이냐 안이냐, 짝수냐 홀수냐, 0이냐 1이냐 등이다.

퍼즐이나 수학의 문제를 2치(値)적으로 해석해 보면 간단히 풀릴 것 같은 문제가 상당히 있다.

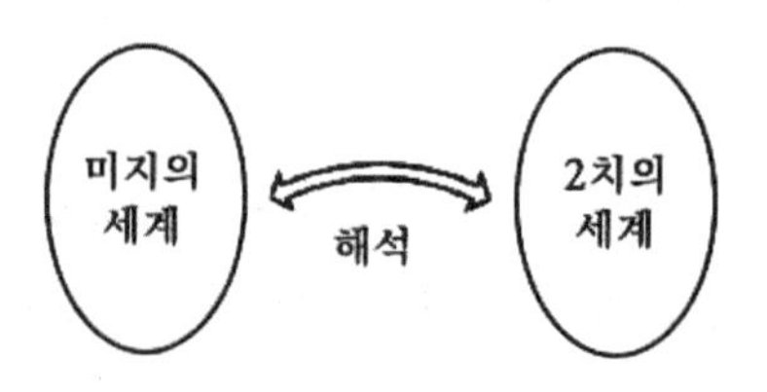

예제 5. 이 책(당신이 지금 읽고 있는 『퍼즐·수학 입문』) 안에 인쇄되어 있는 어느 것이든 하나의 문자 또는 기호를 기억하기 바란다(예컨대 이 예제번호인 '5'라도 좋고 이 책 표지의 '퍼즐·수학 입문' 중의 '퍼'라는 문자도 좋다). 당신

이 어떠한 문자나 기호(사진이나 그림이나 도형은 제외한다)를 기억하든 내가 20회 질문하는 것만으로 그것을 알아맞혀 보려고 하는 것이다. 다만 당신은 나의 질문에 대해서 Yes or No로만 답한다.

그러면 이것을 알아맞히는 데 어떠한 질문을 해야할 것인가?

1회의 질문으로 알아맞힐 수 있는 것은 2개이다. 2개의 것 a와 b가 있었을 때 'a입니까'의 질문에 'Yes'라 대답하면 그것은 a, 만일 No라고 대답하면 b라는 것을 알 수 있기 때문이다. 2회의 질문에서는 2^2=4개의 것의 어느 것인가를 알 수 있다. a, b, c, d의 4개의 것이 있었을 때 'a나 b 속에 있습니까'라고 질문하면 대답이 Yes든 No든 2개의 것의 어느 쪽인가로 압축되므로 위와 마찬가지로 하여 나머지 1회 질문하는 것만으로 알아 맞힐 수 있다. 이와 같이 n회의 질문으로 2^n가지 중 어느 것이라는 것을 알아맞힐 수 있다〔바르게는 뒤의 (G)에서 설명하는 수학적 귀납법을 사용하면 증명할 수 있다〕. 따라서 20회의 질문에서는 2^{20}=1048576가지의 것 중 어느 것인가를 알아맞힐 수 있다.

그런데 이 책은 표지나 판권장(版權張) 등의 페이지를 포함해도 300페이지가 못되고 1페이지에 적혀 있는 문자나 기호의 수는 아무리 넉넉히 세어도 1,000자보다는 적은 것 같으므로 이 책 전체에 적혀 있는 문자나 기호를 전부 합쳐도 300×1000=30만보다 적다는 것을 알 수 있다. 20회의 질문으로는 100만의 것 중의 하나를 알아맞힐 수 있으므로 이 책에 포함되어 있는 30만도 안 되는 문자나 기호를 알아맞히는 정도는 식은 죽 먹기다.

실제로 알아맞히는 데는 1회의 질문마다 페이지 수를 절반씩 나누어 간다. 이때 이 책의 표지 등도 포함해서 생각하는 것을 잊지 않도록 한다. 그러면 고작 9문제까지로 어느 페이지에 있는지를 알 수 있다. ($2^9=512$이기 때문이다) 그러면 다음은 그 페이지의 어느 줄에 있는가를 알아맞혀보자. 이때도 난외(欄外)에 적혀 있는 표제라든가 페이지 수 등도 잊지 않도록 한다. 그러면 고작 6문제까지로 알아맞힐 수 있다. 처음부터라면 15문제로 어느 줄에 있는지를 안 것이 된다. 나머지 5문제로 그 줄의 어느 문자인지 기호인지를 알아맞힐 수 있다.

예제 6. 5개의 컵 중 2개는 위를 향하고 있고 3개는 엎어져 있다. 5개의 컵 중 임의의 2개의 컵을 각각 동시에 뒤집는다. 위를 향하고 있는 컵은 엎어지게 하고 아래를 향하고 있는 컵은 위를 향하게 하는 것이다. 한번에 2개씩 뒤집는 것을 몇 번인가 반복해서 전부 위를 향하도록 하기 바란다.

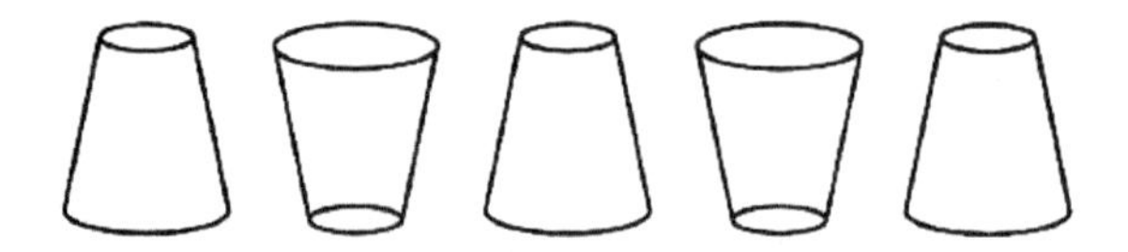

여러 가지로 해보아서 아무리 해도 될 수 없는 것이므로 불가능하다고 결론을 내린 사람이 있을지도 모른다. 불가능하다'라는 경우 자기로서는 할 수 없다는 의미로 말할 때와 이론적으로 절대 불가능하다는 것을 증명한 다음에 말할 때와는 근본적으로 다르다.

위를 향하고 있는 컵에 1을, 아래를 향하고 있는 컵에 0을 대응시키면 처음에 놓여있는 컵의 상태는 01010이라 표현할 수 있다. 그런데 컵을 1개 뒤집으면 0이라면 1로, 1이라면 0으로 바뀐다. 즉 1의 개수가 1개만 변화하는 셈이다. 이 경우에는 한 번에 2개의 컵을 뒤집는 것이므로 1의 개수는 0개나 2개(즉 짝수개) 변화한다. 그래서 01010이라고 하는 1이 짝수 개밖에 없는 상태로부터 출발하면 2개씩 뒤집는 일을 몇 번 반복한다 해도 1의 개수가 짝수인 상태로밖에는 되지 않고 컵이 전부 위를 향하고 있는 상태 11111(1이 홀수개의 상태)로는 결코 되지 않는다. 즉 전부 위를 향하게 할 수는 없다.

(D) 반례(反例)

'……이다'라는 주장을 아무리 하고 있어도 '……이 아니다'라는 것을 보여 주는 실례—반례—를 지적당하면 아무 말도 할 수 없다. 범인이 아무리 시치미를 떼도 눈앞에 증거를 들이대면 이미 빠져나갈 수 없는 것과 비슷하다.

예제 7. '아버지의 아버지는 할아버지', '어머니의 어머니는 할머니', '자식의 자식은 손자', '가식의 자식의 자식은 증손자' 등은 당연한 것으로 단순히 말을 바꾼 것에 지나지 않는다.

이들의 말이 '할아버지', '할머니', '손자', '증손자' 등의 정의로 되어 있는 것일까? 또 '같은 어버이의 자식'은 1형제(자매도 포함)'의 정의로 되어 있는 것일까?

문제답지 않은 문제여서 죄송하다. '어머니의 아버지도 할아버지'이므로 '할아버지'는 반드시 '아버지의 아버지'라고 만은 할 수

없다. 따라서 '어버이의 아버지는 할아버지'라 정의하는 것이 좋을 것 같다. 마찬가지로 '아버지의 어머니도 할머니'라는 반례가 있으므로 '어버이의 어머니는 할머니'라 정의해야 할 것이다. 그러나 '자식의 자식은 손자'나 '자식의 자식의 자식은 증손자' 등은 '손자'나 증손자'의 정의로 되어 있다. 'a는 b의 형제이다'라는 문장과 a는 b의 어버이의 자식이다'라는 문장은 과연 동치(同價)일까? 잠깐 생각하면 동치처럼 생각되지만, a와 b가 동일 인물일 때를 생각해 보면 그 차이를 알 수 있다. 결국 a는 a의 형제이다'는 옳지 않지만 a는 a의 어버이의 자식이다'는 옳기 때문이다. 따라서 1형제'를 '같은 어버이의 자식'으로서 정의할 수는 없다.

마찬가지의 것은 수학 속에도 흔히 나온다. '3개의 직선 a, b, c에 대해서 a와 b가 평행이고 b와 c가 평행이라고 하면 a와 c는 평행이라 말할 수 있을까'는 a와 c가 동일직선일 때의 취급을 어떻게 하는가에 따라 답이 달라진다.

'동일 평면상에 있고 공유점을 갖지 않는 두 직선을 평행이라 한다'는 것으로 하면 a와 c가 일치할 때는 평행이라고는 할 수 없으므로 위의 성질은 성립하지 않는다. 그러나 기울기가 같은 두 직선을 평행이라 한다'는 것으로 하면 a와 c가 일치할 때도 평행이라고 말할 수 있어 위의 성질은 성립한다고 생각할 수 있다.

예제 8. n을 임의의 자연수라 하였을 때 n^2-n+17의 형태로 나타낼 수 있는 자연수를 조사해 보자.

n	1	2	3	4	5	6	…
n^2-n+17	17	19	23	29	37	47	…

이 표에서 알 수 있는 것처럼 n이 1에서 6까지의 어느 수에 대해서도 n^2-n+17은 소수(素數)이다. 그래서 n^2-n+17은 항상 소수가 되는 것이 아닌가라는 예상이 선다. 과연 그러할까?

---

n=7이라 하면 59, n=8이라 해도 73이 되어 아직 소수가 계속된다. 자기 자신이 n=9, 10, 11, ……이라 하여 조사해 보기 바란다. 줄곧 소수가 계속된다. 점점 소수일 확실성이 높아진다. 그러나 n=17이라 하면 이 수는 17×17이 되어 소수가 아니다. 16개나 소수가 계속되었다고 억울해 하여도 하나라도 반례가 있으면 예상은 한꺼번에 뒤집힌다.

놀라지 말지어다. $n^2-81n+1681$로 표현되는 수는 n=1, 2, 3, ……, 80까지의 80개의 n에 대해서 항상 소수가 되고 n=81일 때 비로소 1681=41×41이 되어 소수가 아닌 것이 된다.

수학자도 여러 가지의 예상을 세운다. 그 예상이 단지 하나의 반례에 의해서 무참하게 박살나는 일은 흔히 있는 것 같다.

페르마는

$$F_n=2^{n^n}+1 \quad (n=0,\ 1,\ 2,\cdots\cdots)$$

로 표현되는 수(페르마수)는 소수일 것이라고 예상하였다. 확실히

$$F_0=3,\ F_1=5,\ F_2=17,\ F_3=257,\ F_4=65537$$

는 모두 소수이다.

$$F_5=2^{32}+1=4294967297$$

은 지나치게 크기 때문에 페르마는 소수인지 아닌지를 조사하는

것을 체념하였을 것이다. 다만 처음의 5개가 소수라는 것을 알았으므로 그것 이외에 대단한 근거도 없이 이 수도 소수일 것이라고 예상한 것으로 생각된다. 그런데 오일러가

$$F_5 = 641 \times 6700417$$

이라는 것을 나타내어 보여서 페르마의 예상을 뒤엎어 버렸다.

이에 반해서 예상된 것이 뒤에 증명되는 일도 많다(〈문제 30〉에서 언급하는 '4색 문제' 등). 또한 예상된 것이 그 뒤에도 증명되어 있지는 않지만, 점점 확실할 것이라고 생각되는 것도 몇 개 있다. 그 하나로써 '골드바하의 추측'이라는 것이 있다.

'2 이외의 짝수는 2개의 소수의 합으로 적을 수 있다'라는 것이다. 확실히

4=2+2, 6=3+3, 8=3+5,

10=3+7, 12=5+7, 14=3+11,

16=5+11, 18=7+11, ……

이 된다. 더구나 현재 3300만 이하의 짝수에 대해서 옳다는 것이 확인돼 있다고 한다. 그러나 증명은 끝나 있지 않으므로 누군가가 뜻하지 않은 반례를 보여서 결말이 나버리는 일이 있을지도 모른다.

(E) 배리법

배리법은 학교에서도 배워서 잘 알 것이다. 직접 '……이다'라는 것을 증명하기 어려운 경우에 유효한 증명 방법이다. 즉 "가령 '……이 아니다'라고 생각해 보면 불합리가 나온다. 따라서 '……이 아니다'라고 생각한 것이 잘못이었다. 즉 '……이다'라는 것이 성립하였다"라는 논법이다. 익숙해질 때까지 아무리 해도 잘 어울리지 않아 무언가 속는 것 같은 느낌을 갖는 사람도 많은 것 같

다. 간단한 예로 생각해 보아 그 논법을 자기의 것으로 만들었으면 한다.

예컨대 '삼각형의 내각 중 직각 이상의 각이 2개 이상은 없다'라는 것을 증명해 보기 바란다. 직각 이상의 각이 2개 이상 있다고 하자. 그러면 내각의 합이 2직각을 넘는 것이 되어 불합리하다. 그래서 직각 이상의 각이 2개 이상은 없다는 것을 알 수 있다.

또 하나 쾨니히스베르크의 다리 건너기 문제 속에 나온 예로 생각해 보자. '홀점이 4개 있으면 이 선계는 일필휘지로 그릴 수 없다' 왜냐하면 만일 일필휘지로 그릴 수 있었다면 (*)로부터 홀점의 수는 0개나 2개여야 할 것이므로 불합리하다. 결국 일필휘지로 그릴 수 있다고 한 가정이 잘못된 것으로 된다. 따라서 일필휘지로는 그릴 수 없다.

예제 9. 어느 야구대회에 매우 많은 팀이 참가했다. 이 대회가 토너먼트 방식인지, 리그 방식인지, 패자부활 방식인지 등에는 관계없이 홀수회 시합한 것은 반드시 짝수 팀이라는 것을 증명하여라.

야구 시합이라는 것은 반드시 2개 팀이 하는 것이므로 1회의 시합에 의해서 시합을 한 팀 수는 2팀이다. 따라서 어느 야구대회에서도 시합의 연회 수(각 팀의 시합수의 총합)는 짝수로 된다.

홀수회 시합한 팀의 수가 홀수였다고 가정한다. 그러면 홀수회 시합한 팀 전체의 시합의 연회 수는 홀수회가 된다. 한편 짝수회 시합한 팀 전체의 시합의 연회 수는 짝수이므로 전 팀의 시합의 연회 수는 홀수라는 것이 돼버려 시합의 연회 수는 짝수라는 앞에서의 결과에 반한다. 이것은 홀수회 시합한 팀 수가 홀수라 생각한 것으로부터 나온 것이므로 홀수회 시합한 팀 수는 짝수가 아니면 안 된다.

예제 10. 소수는 무수히 있음을 증명하여라.

이것은 퍼즐의 문제라기보다는 그리스 시대에 얻어진 수학의 하나의 정리이다. 이 정리의 증명은 배리법을 공부하는 데에 적당한 것이라고 생각해서 여기에 문제로서 포함하기로 하였다.

소수가 유한개밖에 없었다 하자. 유한개이므로 그것들을 전부 적어서 배열하여

$$2, 3, 5, 7, \cdots, p$$

였다고 하자. 이들 소수의 곱에 1을 더한 것을 q라 하자.

$$q=2\times3\times\cdots\cdots\times p+1$$

이 q는 어떤 소수 2, 3, …, p로 나눠도 1이 남기 때문에 어느 소수로도 나누어떨어지지 않는다. 그런데 1보다 큰 자연수는 반드시 어떤 소수로 나누어떨어질 것이므로(〈예제 14〉 참조) 불합리하다. 이러한 것은 소수가 유한개밖에 없다고 생각한 것으로부터 생긴 것이다. 따라서 소수는 무한히 있다는 것을 알 수 있다.

배리법으로 증명하고 싶은 명제가 '—이라면, …이다'라는 형태를 하고 있었다 하자. 이때 이 명제가 성립하지 않는다고 하는 것은 '전제가 성립하는데도 결론이 성립하지 않는다'라는 것이므로 배리법으로 증명하려면 다음과 같이 하면 된다는 것을 알 수 있다.

"가령 '—이지만, …는 아니다'라 생각해 보면 불합리가 나온다. 따라서 '—이지만, …가 아니다'라고 생각한 것은 잘못이었다. 즉 '—이라면, …이다'라는 것이 성립하였다"

배리법에 의한 증명의 특별한 경우라고 생각할 수 있는 것이 대우(對偶)에 의한 증명법이다. '—이라면 …이다'라는 명제에 대해서 '…이 아니라면 —이 아니다'라는 명제를 원래의 명제의 대우라 한다. 대우와 원래의 명제의 진위(眞僞)는 일치하므로 대우 쪽을 증명함으로써 원래의 명제도 옳다고 하는 증명 방법을 대우에 의한 증명법이라 한다.

배리법이나 그 특별한 경우의 대우에 의한 증명 방법은 직접 그 증명을 하는 대신에 취할 수 있는 증명 방법이기 때문에 간접증명법이라 불리고 있다.

(F) 방 배당 논법

'n실에 n+1명 이상의 사람을 넣으려고 하면 남남끼리 한방을 쓰는 곳이 반드시 생긴다'

누구라도 당연하다고 생각할 것이다. 이러한 단순한 원리를 사용해서 하는 증명 방법을 방 배당 논법이라 한다. 〔'서랍논법'이라고도 '(비둘기의) 둥우리 상자의 원리'라고도 일컬어진다〕

물론 이 논법은 1배리법'을 적용해서 얻어진 것이라고 볼 수도 있다. 왜냐하면 어느 방도 남남끼리 같은 방을 쓰는 일은 없었다하면 인원수는 방의 수 n 이하일 것이다. 그런데 인원수는 n+1명이므로 불합리하다. 따라서 어느 방도 남남끼리 같은 방을 쓰는 일이 없었다고 생각한 것이 잘못이다. 즉 어딘가 남남끼리 같은 방을 쓰는 곳이 있어야 할 것이다.

예제 11. 학생이 양말을 20켤레 옷장 속에 넣어 두었다. 색깔은 백색이 10켤레, 녹색이 10켤레이다. 어느 날 밤, 양말을 꺼내려고 옷장을 열자 정전으로 깜깜해졌다. 학생은 색깔은 어느 것이라도 좋다. 아무튼 같은 색깔의 것을 한 켤레만 꺼내려면 최소한도 몇 개를 꺼내면 될까. 다만 이 양말에는 수를 놓은 것이 아니므로 좌우의 구별은 없는 것으로 한다. 또 학생은 정리정돈이 불량하여 양말을 가지런하지 않게 함부로 쑤셔 넣었던 것으로 한다.

이 문제는 쉬우므로 바로 답을 알았을 것이다. 답은 1켤레 반, 즉 3개 꺼내면 된다. 3개 중에는 같은 색깔의 것이 반드시 있으므로 그것으로 용건은 충족된다.

너무 단순하여 어디에 방 배당 논법이 사용되고 있는가 하고 생각될지도 모른다. 일반화한 형태로 언급해 보면 그 부분을 잘 알 것이다. n종류의 양말이 있었다 하자. 이때 n+1개의 양말을 꺼내면 그중에 같은 종류의 양말이 1조는 있을 것이다.

예제 12. 10개의 자연수가 있다. 이들 중에서 2개의 자연수를 적당히 선정하면 그 차가 9로 나누어떨어지는 두 수가 반드시 있다는 것을 증명하여라.

이것은 퍼즐이라기보다도 수학의 문제이다.

어떠한 자연수도 9로 나누면 나머지는 0에서 8까지의 어느 것인가이다. 따라서 나머지에 대해서 0에서 8까지의 9개의 방을 준비하여 10개의 자연수를 9로 나눈 나머지에 따라서 위의 9개의 방에 넣으면 방 배당 논법에 따라 어느 것인가 2개의 자연수는 같은 방에 들어간다. 같은 방의 두 수의 차는 9로 나누어떨어지므로 차가 9로 나누어떨어지는 2개의 수가 있음을 알 수 있다.

방 배당 논법은 뒤의 퍼즐 중에도 흔히 나오므로 꼭 이해하였으면 한다. 이 논법은 다음과 같이 일반화된다. 〔일반화된 방 배당 논법〕

'1<n<m일 때 n실에 m명 이상의 사람을 넣으려고 하면 어딘가 $\left[\frac{m-1}{n}\right]+1$명 이상의 사람이 들어가 있는 방이 있다'

여기서 〔 〕는 가우스의 기호이고 〔x〕는 x를 초과하지 않는 최대의 정수를 나타낸다.

어느 방도 $k=\left[\frac{m-1}{n}\right]$명 이하였다고 하면 $k\leq\left[\frac{m-1}{n}\right]$이므로 $kn\leq m-1<m$. 총인원 수는 kn명 이하, 따라서 m명보다 적어져서 처음 m명 이상 있던 것에 반한다. 배리법에 따라 어느 방도 k명 이하라는 것은 있을 수 없는 것이므로 어딘가 k+1명 이상 들어가 있는 방이 있어야 할 것이다.

이 방 배당 논법은 무한의 경우에도 확장된다.

'사실에 무수한 것을 넣으려고 하면 무수한 것이 들어가 있는 방이 반드시 있다.'

왜냐하면 어느 방에도 유한개밖에 들어가 있지 않았다 하면 총수는 유한밖에 되지 않는다. 따라서 배리법에 따라 어느 방도 유한이라는 것은 있을 수 없는 것이므로 어딘가 어떤 방에 무수한 것이 들어가 있음을 알 수 있다.

(G) 수학적 귀납법

수학적 귀납법은 학교에서도 배웠으므로 잘 알고 있을 것이지만 다시 한번 간단히 복습하자.

'장기 뜀〔역주: 도미노 게임과 같은 것〕이라는 것을 한 일은 없는가. 장기의 말을 1열로 극히 약간씩 떼어서 배열하여 세워두고 제일 처음의 말을 살짝 밀어 넘어뜨리면 차례로 말이 넘어져 가는 놀이다. 이 경우 장기의 말을 잘 배열해 주지 않으면 안 된다. 잘 배열한다는 것은

(＊) <u>앞의 말이 넘어지면 그다음 말도 넘어진다.</u>

는 것을 말한다. 앞의 말이 넘어졌는데도 다음의 말의 언저리에 걸려서 넘어지지 않았다고 하면, (＊)가 성립하도록 잘 배열되지 않았다는 것이 된다. (＊)가 성립하도록 장기의 말이 잘 배열되어 있기만 하면 제일 처음의 말을 넘어뜨리는 것만으로 순번대로 모든 말이 넘어지게 된다. 이것이 수학적 귀납법의 원리이다.

임의의 자연수 자에 대해서 성질 P(n)이 성립하는 것을 증명하고 싶을 때 다음과 같은 ⑴과 ⑵가 성립하는 것을 알면 되는 것이다.

⑴ P(1)이 성립한다.

⑵ P(k)가 성립하고 있으면 P(k+1)도 성립한다.

⑴은 제일 처음의 말을 넘어뜨리는 것에 해당하고 있다. ⑵는 (＊)에 대응하고 있다. 즉 앞의 말이 넘어지면 〔P(k)가 성립하고 있으면〕 그다음의 말도 넘어진다 〔P(k+1)도 성립한다〕라는 것이다. ⑴과 ⑵가 성립하면 모든 말이 넘어질 〔모든 n에 대해서 P(n)이 성립할〕 것이다.

예제 13. "사다리 뽑기에서 다른 곳에 표를 한두 사람이 같은 곳에 맞는 일은 절대로 없다고 할 수 있을까?"

"그거야 없지. 있다면 제비의 의미가 없어지잖아."

"그러한 표현은 이야기가 거꾸로야. 절대로 같은 곳에 오지 않는다는 것이 성립해서 비로소 사다리 뽑기의 의미가 있는 것이 되니까 말이야."

그래서 다른 곳에 표를 한 사람은 반드시 다른 곳에 맞는다는 것을 증명하여라.

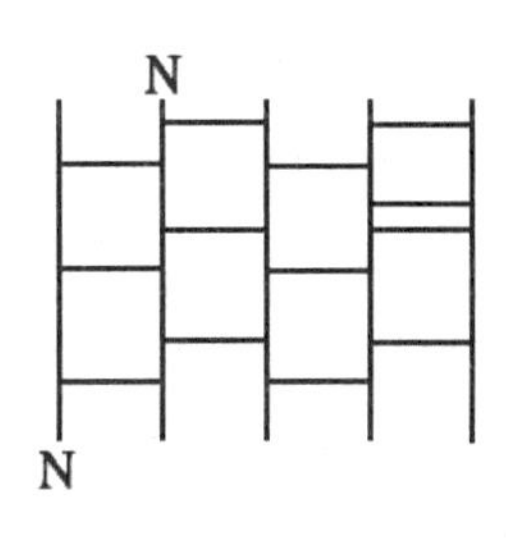

사다리 뽑기라는 것은 알고 있겠지만 그림처럼 제비를 뽑는 사람의 수(제비의 수)만큼의 세로선과 서로 이웃한 세로선의 사이를 연결하는 몇 개의 수평한 가로선으로 만들어져 있다(같은 곳으로부터 가로선은 1개밖에 나와 있지 않다). 세로선의 위에 제비를 뽑는 사람의 이름을 기입한다. 그 사람은 그 세로선을 아래쪽으로 따라가고, 가로선과 만나면 반드시 그것을 타고 이웃의 세로선으로 옮긴다. 그리고 그 세로선을 아래로 따라간다. 이와 같이 하여 제일 아래까지 오면 거기가 뽑은 제비가 된다.

이러한 사다리 뽑기에서 다른 곳을 뽑은 사람은 반드시 다른 곳에 맞는다는 것을 증명하자. 이 성질은 가로선의 개수 n에 대한 수학적 귀납법으로 증명된다.

(1) n=0일 때. 이 경우 제비는 뽑은 곳의 세로선의 아래에 그대로 맞으므로 다른 곳을 뽑은 사람은 반드시 다른 곳에 맞는다.

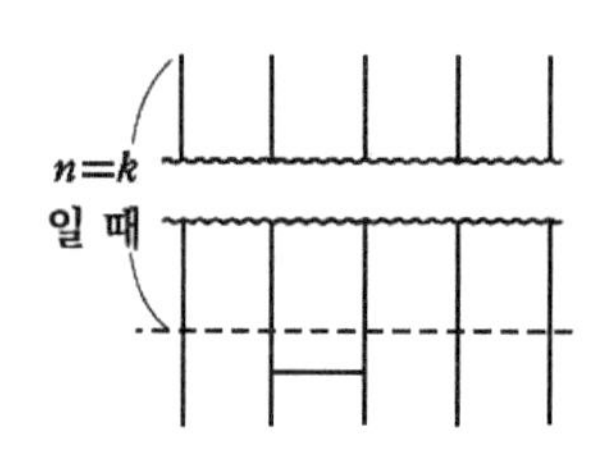

(2) n=k일 때에는 이상의 성질이 성립하고 있는 것으로 하여 n=k+1일 때를 증명하기로 한다. 즉, 위 그림의 점선의 부분까지를 생각하면 다른 곳을 뽑은 사람은 반드시 다른 곳에 맞는 것으로 한다. 점선의 아래에 1개의 가로선을 증가시켰다고 해도 역시 처음에 다른 곳을 뽑은 사람은 반드시 다른 곳에 맞는다는 것을 말하면 된다. 그런데 1개의 가로선을 증가시킨 것만으로는 가로선이 붙은 이웃끼리의 제비가 교체되는 것뿐이고 다른 제비가 같은 곳에 오는 일은 일어나지 않는다.

결국 가로선이 몇 개가 있든(세로선 쪽도 몇 개가 있건) 그것들이 유한이기만 하면 다른 곳을 뽑은 사람은 반드시 다른 곳에 맞는다는 것을 알 수 있다.

원래 아미타 제비뽑기라는 것은 방사선 모양으로 선을 긋고 중앙에 금액 등을 적었다 한다. '아미타 제비뽑기' 이름의 유래는 이 방사선이 아미타여래의 후광(後光)과 닮고 있다는 데에 있다고 한다. 그러면 아미타 제비뽑기는 더 일반화된 형태로 언급할 수 있을 것이다. '시발점과 종점이 분명한 유향(有向)곡선이 제비의 수만큼 있고 그들 유향곡선을 연결하는 건네주는 곡선이 유한개 있어, 같은 장소에서 2개 이상의 건네주는 곡선이 나와서는 안 된다'라고 하면 될 것이다. 유향곡선의 시발점의 부분에 제비를 뽑는 사람의 이름을 기입한다. 그 사람은 그 곡선이 향하고 있는 방향을 따라가고 건네주는 곡선을 만나면 반드시 그것을 타고 다른 유향곡선에 옮긴다. 그리고 또 그 유향곡선을 따라간다. 이렇게 하여 종점에 오면 거기가 뽑아 맞힌 제비가 된다.

수학적 귀납법은 그 밖에도 여러 가지 형태가 있다.

⑴ P(a)가 성립한다.

⑵ P(k)가 성립하고 있으면 P(k+1)도 성립한다.

2개가 성립하면 정수 a 이상의 모든 정수 W에 대해서 P(n)이 성립한다.

또 하나 유용한 형태를 언급해 둔다.

⑴ P(a)가 성립한다.

⑵ $a \le m < k$인 임의의 정수 m에 대해서 P(m)이 성립한다고 가정하면 P(k)도 성립한다.

2개가 성립하면 정수 a 이상의 모든 정수 M에 대해서 P(n)이 성립한다.

마지막의 형태의 수학적 귀납법을 사용하는 예를 들어 둔다.

예제 14. 2 이상의 자연수는 반드시 소인수(소수의 약수)를 갖고 있음을 증명하여라.

이것도 퍼즐의 문제는 아니다. 〈예제 10〉에서 소수가 무수히 있음을 증명할 때 위의 성질을 이용하였기 때문에 여기서 증명해 두려고 하는 것이다.

2 이상의 자연수 n은 항상 소인수를 가짐을 증명한다.

⑴ n=2일 때 2는 소인수 2를 가지고 있으므로 옳다.

⑵ $2 \le m < k$인 모든 자연수 m에 대해서 m은 소인수를 갖고 있다고 가정하고 n=k일 때를 생각하자.

만일 k가 소수라면 k는 소인수 k를 갖고 있다.

만일 k가 소수가 아니었다고 하면 1과 k 이외의 약수 d를 갖고 있음을 알 수 있다(소수란 1과 그 자신 이외의 양의 약수를 갖지 않는 자연수를 말하므로 k가 소수가 아니면 1과 k 이외의 약수를 가지고 있다). $1<d<k$(즉 $2\le d<k$)이므로 가정으로부터 d는 소인수 p를 갖는다. p는 k의 약수(소인수)이기도 한 것이므로 이것으로 증명은 끝난 것이 된다.

따라서 2 이상의 임의의 자연수는 항상 소인수를 갖는다는 것을 알았다.

【문제 1】 판초콜릿

세로에 5개, 가로에 6개, 합계 30개의 작은 조각이 붙어서 배열되어 있는 1개의 판초콜릿이 있다. 판초콜릿을 뿔뿔이 작은 조각으로 하려면 최소한도 몇 번 쪼개지 않으면 안 될까? 다만 1회 쪼갠다는 것은 세로 또는 가로로 한 줄기로 쪼개서 둘로 나누는 것을 말한다. 2개 이상 포개서 한 번에 쪼개는 것 같은 일은 하지 않는 것으로 한다.

【해답】

29회.

쪼개는 방법에 관계가 있는 것처럼 생각하였는지도 모르지만 실제는 쪼개는 방법에는 관계가 없다. 1회 쪼갤 때마다 초콜릿의 판의 개수가 1개만큼 증가한다. 이러한 것으로 보면 쪼갠다는 조작에 초콜릿판이 증가하는 개수가 1대 1로 대응하고 있다고 할 수 있다. 따라서 처음에 1개의 판초콜릿이 있는 것이므로 쪼개는 횟수는 작은 조각의 수보다 1만큼 적다는 것을 알 수 있다. 그래서 30개의 작은 조각으로 나누려면 29회 쪼개지 않으면 안 된다.

우리들은 그리스 시대 이래로,

'전체는 부분보다 크다'

라고 믿어왔다. 그런데 칸토어는 그것은 유한개의 것에 대해서만 성립하는 것이고 무한의 것에 대해서는 전체가 그 일부분과 같은 일도 있을 수 있다고 하는 것이다. 따라서 일반적으로는

'전체는 부분보다 작지 않다'

라고 하여야 한다고 칸토어는 주장한다. 예를 들어보자. 짝수는 자연수의 일부분이다. 그러나 임의의 자연수 n에 짝수 2n을 대응시키면 자연수와 짝수는 1대 1로 대응시킬 수 있으므로 자연수와 짝수는 개수가 같다고 생각하지 않으면 안 된다.

【문제 2】 조각인사

조각 인사도 마침내 최종 단계에 왔다. 교육부, 농수산부, 보건복지부, 통상산업부 장관만이 결정되지 않았지만 그것도 A, B, C, D의 네 사람 중의 누군가가 된다는 것은 결정되어 있다(겸임은 없다). 누가 어느 장관이 되는지가 흥미 있는 부분으로 각각의 기자가 얻은 정보를 기초로 하여 서로 슬쩍 타사의 기자의 속을 떠보는 장면이다.

① "A씨는 교육이나 농수산이야."

② "아니야, 교육은 B씨나 C씨의 어느 쪽일 걸세."

③ "허허, B씨는 농수산이나 보건복지의 어느 쪽일 거야."

기자들은 타사에게 연막을 피우기 위해서 누구나가 거짓말밖에 말하고 있지 않았던 것 같다. 사실은 누가 어느 장관이 된 것일까?

【해답】

A씨는 보건복지부, B씨는 통상산업부, C씨는 농수산부, D씨는 교육부의 장관이다.

알기 쉽도록 표를 만들어 차례차례 적어 넣으면서 생각해 보자.

	교육	농수산	보건복지	통상산업
A	/ ①	/ ①	○	/
B	/ ②	/ ②	/ ③	○
C	/ ②	○		/
D	○	/	/	/

①이 거짓말이므로 A씨는 교육부장관도 농수산부장관도 아니다. 따라서 오른쪽 표 안에 빗금을 긋고 번호 ①을 작게 적어 넣는다. 다음으로 ②로부터 교육부장관은 B씨도 C씨도 아니고, ③으로부터 B씨는 농수산부장관도 보건복지부장관도 아니다. 이것들을 마찬가지로 표 안에 적어 넣는다. 그러면 교육부장관으로서 생각할 수 있는 것은 D씨 밖에 남아 있지 않다. 또 B씨는 통상산업부장관인 것 이외는 생각할 수 없다. 이러한 것으로부터 표 안에서 D씨의 농수산, 보건복지, 통상산업의 부분에 빗금을 긋는다(겸임이 없으므로). 또 통상산업부란의 A씨, C씨의 부분에도 빗금을 긋는다. 그렇게 하면 A씨는 보건복지부장관이고, 농수산부장관이 될 수 있는 것은 C씨 이외에는 없다는 것을 알 수 있다.

이와 같이 몇 개의 경우 중의 어느 것인가를 알고 있을 때 그들 중 성립하지 않는 것을 제외시켜 가면 성립하는 것이 남겨진 경우라고 하는 사고 방법을 소거법(消去法)이라 한다. 소거법은 배리법 등과 마찬가지로 간접증명법의 일종이다.

【문제 3】 그녀를 공격하다

지금 그녀는 H의 장소에 있고, 나는 M의 장소에 있다. 내가 선분(線分)을 따라서 한 말만큼 움직이면 그녀도 한 말 도망간다. 이제 한 걸음 남은 장소까지 추격해도 그녀는 훌쩍 도망쳐 버린다. 어떻게 하면 멋지게 붙잡을 수 있을까?

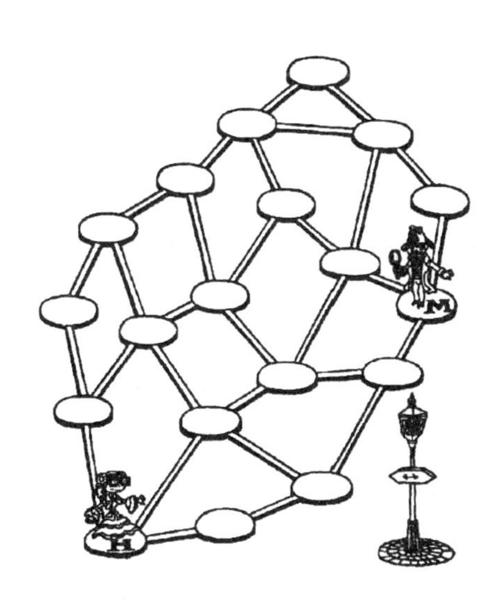

【해답】

한번 X의 장소에 들어가서 머리를 식히고 오는 일이다.

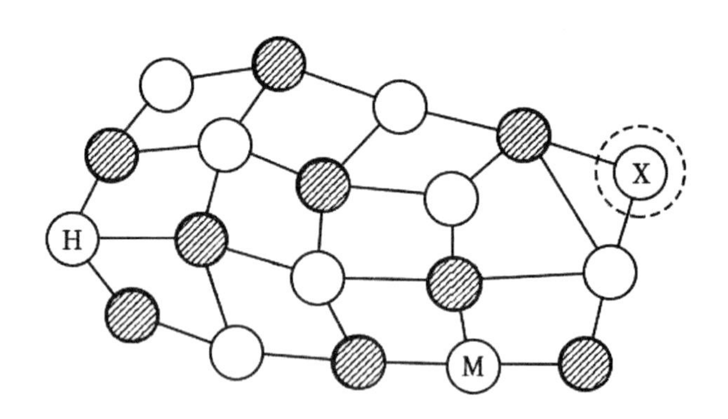

점선으로 에워싼 X의 장소를 제외하면 까만 동그라미와 흰 동그라미는 번갈아 배치되어 있다. 나 M이 까만 동그라미의 장소에 한 걸음 나아가면 그녀 H도 까만 동그라미의 곳으로 도망간다. M이 흰 동그라미로 움직이면 H도 흰 동그라미의 곳으로 도망간다. 따라서 이대로는 언제까지 지나도 그녀를 붙잡을 수 없다.

오직 한 방향으로 그녀의 뒤를 추적하는 것이 아니고 한번 X의 장소에 들어갔다가 밖으로 나오면 상황이 일변해 있음을 알아차릴 것이다. 이번에는 내가 흑의 장소로 움직이면 그녀는 백의 장소로 움직이게 된다. 그래서 내가 백의 장소로 움직여서 그녀를 붙잡을 수 있는 기회가 생긴 셈이다. 가령 아직 붙잡지 못할 때에도 그녀는 흑의 장소로 도망가므로 내가 흑의 장소로 움직여서 그녀와 함께 있을 수 있다. 상당히 교훈적인 퍼즐이 아닌가.

이 퍼즐은 듀도니 『퍼즐의 임금님』의 395번이다.

【문제 4】 파티에서의 악수

어느 파티에 35명의 참석자가 있었다. 서로 악수를 하면서 환담을 나누었는데 이 파티의 참석자 중에 짝수회 악수한 사람이 반드시 있을 것이라는 것이다. 그 이유를 설명하여라. 다만 0도 짝수 속에 포함해서 생각한다.

【해답】

배리법을 사용해서 증명한다.

악수는 두 사람이 하는 것이므로 악수의 연총수(각 사람의 악수의 횟수의 총합)는 반드시 짝수이다.

그런데 참석자 전원이 홀수회 악수하였다고 하자. 그러면 악수의 연총수는 홀수만을 35회(홀수회) 더한 수가 되어 결과는 홀수라는 것이 돼버린다. 이것은 악수의 연총수는 짝수가 아니면 안 된다는 앞에서의 결과와 모순된다.

따라서 배리법에 의하여 참석자 전원이 홀수회 악수하였다고 생각하는 것은 잘못이라는 것이 되므로 누군가가 짝수회 악수한 사람이 있으리라는 것을 알 수 있다.

유사 이래 악수를 한 사람 가운데 홀수회 악수를 한 사람의 인원수를 조사해 보면 절대로 짝수이어야 할 것이라고 한다. 어째서인지 알겠는가.

예에 따라서 홀수였다고 가정해 보자. 그러면 홀수회 악수한 사람의 악수의 연총수는 홀수만을 홀수회 더한 수가 되므로 홀수라는 것이 된다. 짝수회 악수한 사람의 악수의 연총수는 짝수이므로 악수의 연총수는 짝수이어야 할 것이라는 결과에 모순된다. 따라서 배리법에 따라 홀수회 악수한 사람의 인원수는 홀수가 아니라는 것, 즉 짝수라는 것을 알 수 있다(본질적으로는 〈예제 9〉와 같다).

【문제 5】 머리카락 가닥수

어느 도시의 인구는 가장 머리카락이 많은 사람의 머리카락의 가닥수보다 상당히 많다는 것을 알고 있는 것으로 한다. 그러면 이 도시에는 머리카락의 가닥수가 같은 사람이 있다고 할 수 있을까?

【해답】

머리카락의 가닥수가 같은 사람이 있다.

방 배당 논법을 사용해서 증명할 수 있다.

가장 머리카락이 많은 사람의 가닥수를 n가닥이라 하면 인간의 머리카락의 가닥수가

0가닥의 사람, 1가닥의 사람, ……,

n가닥의 사람

이라는 것처럼 하여 인간을 n+1종류로 나눌 수 있다. 그런데 이 도시의 인구는 n명보다 상당히 많다 하므로 n+2명 이상이라는 것은 확실하다. 이 사람들을 머리카락의 가닥수에 따라 n+1종류로 나누면 방 배당 논법에 따라 적어도 2명은 같은 종류에 속하는 것을 알 수 있다. 즉 머리카락의 가닥수가 같은 사람이 반드시 있어야 할 것이다.

머리카락이 가장 많은 사람이라도 15만 가닥보다는 적다고 한다. 따라서 인구가 15만 이상의 도시라면 그 도시에는 머리카락의 가닥수가 같은 사람이 있다는 것을 알 수 있다.

그런데 지구에는 40억이나 되는 사람이 있다. 일반화된 방 배당 논법을 사용해서 생각해 보면 머리카락의 가닥수가 같은 사람이 26,000명 이상이나 있다는 것을 알 수 있다(왜냐하면 만일 15만 가닥까지의 어느 가닥수의 경우도 같은 가닥수의 사람의 수가 26,000명보다 적다고 하면 인구는 15만×2.6만=39억 보다 적다는 것이 돼버리기 때문이다).

【문제 6】 친구의 수

어느 학급의 누구나가 그 학급 안에 친구를 적어도 1명은 가지고 있는 것으로 한다. 이때 친구의 인원수가 같은 두 사람이 이 학급 안에 반드시 있다는 것이다. 그 이유를 생각해 보아라.

위에서는 학급의 누구나가 그 학급 안에 친구를 적어도 1명은 가지고 있다고 가정하였으나 실은 이 가정은 사용하지 않아도 친구의 인원수가 같은 두 사람이 이 학급 안에 반드시 있다는 것이 성립한다. 다만 이 경우에는 A군이 B군의 친구라고 하면 B군은 A군의 친구이기도 하다는 의미로 친구라는 말을 사용하기로 한다.

【해답】

방 배당 논법을 사용해서 증명한다.

먼저 누구나가 학급 안에 친구를 1명은 가지고 있는 경우를 생각한다. 학급의 인원수를 n명이라 하면 친구의 수로서 생각할 수 있는 것은 1명에서 n-1까지의 n-1가지의 어느 것인가이다(자기 자신은 제외하지 않으면 안 되므로, 전원이 친구라는 것은 n-1명이 친구라는 것이다). 학급의 n명의 사람들을 친구의 인원수에 따라서 분류해 보면 방 배당 논법에 따라 친구의 인원수가 같은 2명이 반드시 있어야 할 것이다.

다음으로 친구가 1명도 없는 사람이 있어도 지장이 없는 경우에 대해서 생각한다. 친구가 1명도 없는 사람을 제외하고(다른 학급의 사람이라고) 생각하면 나머지의 r명에 대해서는 서로 적어도 1명은 친구를 가지고 있다(이 경우의 친구라는 말의 사용 방법으로부터 학급에서 제외하고 생각한 사람이 친구가 되는 일은 없으므로 친구의 인원수로서 생각할 수 있는 것은 1명부터 r-1명이다).

이미 증명한 것처럼 그들 안에는 친구의 인원수가 같은 2명이 반드시 있다. 따라서 이 학급에는 친구의 인원수가 같은 2명이 반드시 있다.

이 문제는 니벤 『선택의 수학』를 참고했다.

【문제 7】 대머리

수학적 귀납법을 사용하면 '누구나 대머리다'라는 것이 증명된다고 한다.

(1) 머리카락이 0개인 사람, 즉 훌렁 벗어진 사람은 확실히 대머리이다.

(2) 머리카락이 k개인 경우, 그 사람은 누구로부터도 '당신은 대머리야'라는 말을 듣는 것으로 한다. 그 사람의 머리에 머리카락이 1개 늘었다고 해도 대머리라는 말을 듣는 것은 틀림없다.

따라서 머리에 몇 개의 머리카락이 있다 해도 대머리라는 말을 듣게 된다.

그런데 무엇이 이상할까?

【해답】

대머리의 정의가 불명확한 점에 그 원인이 있다.

대머리는 상대적인 것이므로 '보다 벗겨져 있다'라는 것은 말할 수 있어도 절대적인 '대머리'는 머리카락이 몇 개 이하이고 그것보다 많아지면 대머리가 아니라고는 말할 수 없다.

머리카락이 n개인 사람은 15만 분의 n의 대머리다'라는 표현 방법이 적당할 것이다(〈문제 5〉 참조). 0개인 사람은 15만분의 0의 대머리이고 5만 개나 있는 사람은 15만분의 5만의 대머리라는 것이 될 것이다.

(정확히는 비대머리의 정의로, 대머리는 이 값을 1에서 빼는 편이 적당할지도 모른다)

당신은 큰 부자이고 나는 가난뱅이다. 큰 부자인 당신이 나에게 10원을 주었다 해도 당신이 큰 부자이고 내가 가난뱅이라는 것에는 변화가 없다. 그렇잖아. 다시 한번 10원을 주었다 해도 역시 변화는 없다. 결국 이러한 것을 몇 번 반복하였다 해도 변화가 없는 것은 아니겠는가.

【티 코너】(1)

1. 쾨니히스베르크의 다리 건너기 문제(예제 4)는 수학적으로는 불가능하다는 것이 증명되었으나 실제 문제로서는 가능하다. 이것은 무엇을 의미하는 것일까? 물론 강을 철벅거리며 건넌다든가, 강을 뛰어넘는다는 것은 안 된다.

2. '田'이라는 문자는 홀점이 4개 있으므로 일필휘지로는 쓸 수 없다. 그러나 1매의 종이 위에 '田'이라는 문자를 일필휘지로 쓸 수는 있다. 물론 연필을 이 종이 위에서 떼지 않고 게다가 '田' 의 문자 이외의 여분의 부분에 쓰지도 않는다.

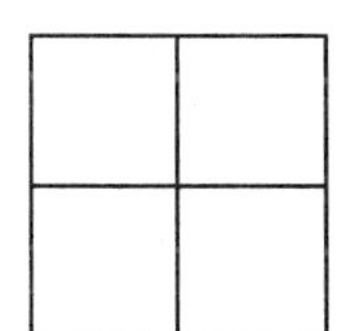

3. A, B, C의 세 집에 전력 회사 E, 가스 회사 G, 수도국 W로부터 파이프를 끄는데 어느 파이프도 교차하지 않도록 하려면 어떻게 하면 될까?

E G W

4. 기관차 E와 객차 A와 B가 오른쪽 그림과 같은 조차장(操車場)에 놓여 있다. 기관차의 동력만을 사용해서(손으로 밀거나 하지 않고) A와 B를 교체하고 기관차는 원래의 위치에 오도록 하고자 한다. 어떻게 하면 될까?

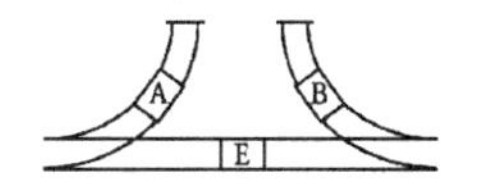

【해답】

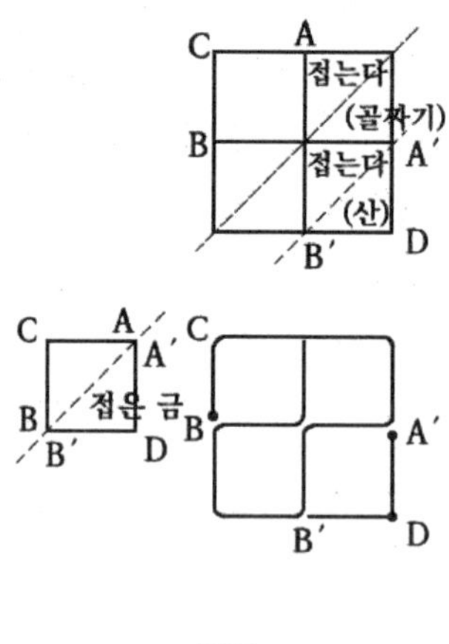

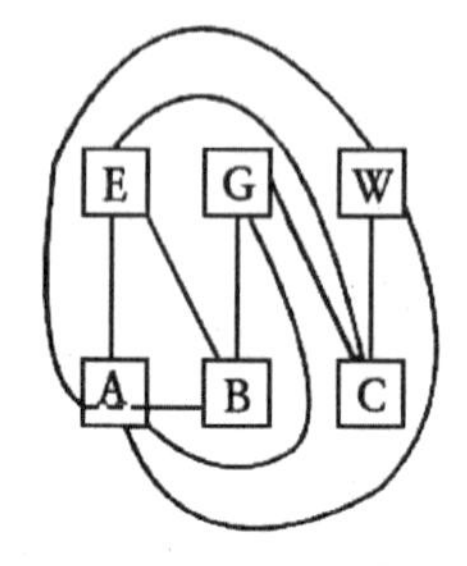

1. 강의 상류를 지나면 되는 것이다.

2. 점선의 부분을 접어서 A와 A′, B와 B′가 같은 부분에 오도록 포갠다. A′에서 쓰기 시작하여 D, B′(B), C, A의 순으로 써서 □이라는 문자를 쓴다. 이때 종이를 펼쳐서 나머지 부분을 일필휘지로 쓸 수 있다.

3. 왼쪽 그림처럼 그려 보면 B와 W를 다른 파이프와 교차시키지 않고 연결하는 것은 불가능한 것처럼 생각될지도 모른다. 이것은 A, B, C를 점처럼 생각하기 때문이고 실제는 A의 마루 밑을 다른 파이프와 교차하지 않도록 통과시킬 수는 있다.

4. 이것도 다음과 같이 하면 가능하다. E를 A와 연결하고 거듭 B를 연결한다. 이때 B와 A의 한가운데에 E가 와 있다. E의 동력으로 속력을 올려 도중에서 A를 분리한다. B와 E가 레일 전철기(轉轍機)를 지나고 나서 전철기를 전환하면, A는 원래 B가 있던 곳으로 들어간다. 마찬가지로 B도 A가 원래 있던 곳으로 넣을 수 있다.

Ⅱ. 산수의 퍼즐

이 장의 문제는 어느 것도 번거로운 수식을 사용하지 않아도 해답을 얻을 수 있는 것뿐이지만, 조심성 없게 해답하면 엉뚱한 잘못을 저지를 우려가 있다. 서두르지 말고 한 번 더 차분하게 다시 생각해본다면 올바른 해답을 얻을 수 있음에 틀림없다.

매직 코너 (1)

〈손가락으로 하는 구구단〉 5단까지의 구구단을 외우고 있는 것만으로〔실은 5×5=25까지를 외우고 있는 것만으로〕 나머지는 손가락을 사용해서 간단히 구할 수 있는 방법이 있다. 이것을 알면 초등학생은 구구단을 전부 외우지 않게 될지도 모른다.

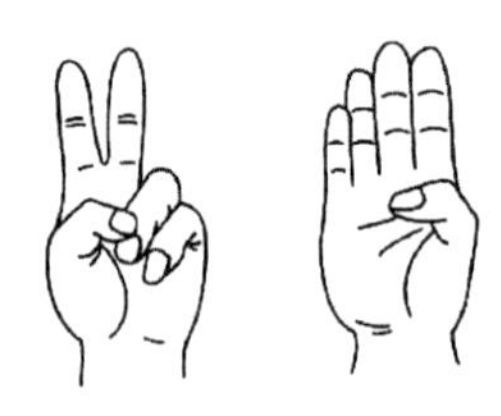

예컨대 7×9를 구해 보자. 7을 손가락을 사용해서 나타내려면 한쪽의 손가락을 2개 뻗치고 또 한쪽의 5개 전부를 펼친다.

이때 전부 펼친 손 쪽은 사용하지 않고 2개 손가락을 뻗친 쪽만을 남긴다. 9도 그림처럼 손가락 4개를 뻗친 쪽만을 남긴다. 이처럼 하였을 때 뻗어 있는 손가락의 총수(2+4=6개)가 답의 십의 자리가 되고 일의 자리는 꺾고 있는 손가락(3과 1)을 곱셈을 하여 구한다(3×1=3). 따라서 십의 자리는 6, 일의 자리는 3이므로 답은 63이다.

5×7일 때는 십의 자리가 2이고 일의 자리(이상)는 5×3=15가 되므로 20+15=35가 답이다.

내막을 밝히면 두 수 a도 b도 5 이상일 때, 즉 $5 \leq a < 10$, $5 \leq b < 10$일 때,

$ab=10\{(a-5)+(b-5)\}+(10-a)(10-b)$가 되기 때문이다.

나그네셈

예부터 산술(산수)의 문제에 나그네셈이라는 것이 있다.

'어느 나그네가 시속 5㎞의 속도로 3시간 걸으면 몇 ㎞ 걸을 수 있는가?'

'시속 5㎞의 속도로 15㎞ 가는 데 몇 시간 걸리는가?'

'15㎞의 거리를 3시간에 가려면 얼마만큼의 속도로 걸으면 되는가?'

등의 문제다. 이것들은 모두 거리=속도×시간이라는 관계에서 얻을 수 있다. 이 나그네셈을 조금 복잡하게 한 것에 마주침의 셈이라든가 뒤쫓음의 셈이라는 것이 있다.

'16㎞ 떨어진 2개의 마을에서 갑은 시속 3㎞의 속도로 을은 시속 5㎞의 속도로 같은 길을 동시에 서로 마주 보고 걸으면 몇 시간 후에 두 사람은 마주칠까?'

라는 문제는 마주침의 셈이다. 2개의 마을의 거리를 속도의 합으로 나눠서 시간을 구하는 것이다(답: 2시간).

'갑이 시속 3㎞의 속도로 2시간 전에 출발한 다음 을이 시속 5㎞의 속도로 뒤쫓으면 몇 시간 후에 을은 갑을 따라잡을 수 있을까?'라는 문제는 뒤쫓음의 셈이다. 갑과 을 두 사람의 거리(3×2=6㎞)를 속도의 차로 나눠서 시간을 구하면 된다(답: 3시간).

이것들은 초등학교의 산수 속에 나오는 문제이다. 이것들을 조합시키면 조금 어려운 문제를 만들 수 있다.

'갑은 시속 25㎞로 달리는 자전거로, 을은 시속 20㎞로 달리는 자전거로 원형의 트랙을 같은 방향으로 돌면 갑은 9분마다 을을 추월한다고 한다. 만일 반대 방향으로 돈다면 몇 분마다 마주칠까?'

뒤쫓음의 셈으로 원형 트랙의 길이(750m)를 구하고 마주침의 셈으로 구하는 시간을 낸다(답: 1분). 실은 트랙의 길이 등을 구하지 않아도 바로 답을 낼 수 있다. 같은 방향으로 돌 때는 시속 25-20=5㎞의 속도로 일주하는 데 9분 걸린다고 생각할 수 있다. 반대 방향으로 도는 데는 시속 25+20=45㎞의 속도(앞에서의 9배의 속도)로 일주하므로(9분의 9분의 1의 시간) 1분 걸린다고 생각하면 될 것이다.

연령셈이나 시간셈이라고 일컬어지고 있는 것들 중에 나그네셈의 사고를 사용하면 잘 풀리는 것도 있다.

'우리 형제 3명의 나이를 더하면 30세가 된다. 아버지는 40세인데 지금부터 몇 년 후에 형제 3명의 나이의 합이 아버지의 나이와 같아질까?'

이것은 확실히 뒤쫓음의 셈이다. 1년간 아버지는 1세밖에 증가하지 않지만, 아이들 쪽은 3명으로 3세 증가한다. 지금의 연령의 차이 10세를 증가의 차이 2세로 나누면 답을 얻을 수 있다(답: 5년).

예제 15. 오전 0시에서 자정까지의 24시간 동안에 시계의 긴 바늘은 짧은 바늘을 몇 번 추월할까? 다만 오전 0시와 오후 12시의 양 끝의 경우는 추월 속에 포함하지 않는 것으로 한다.

먼저 뒤쫓음의 셈을 사용해서 긴 바늘과 짧은 바늘은 몇 시간마다 서로 겹치는가를 구한다. 1시간에 긴 바늘은 360° 회전하지만 짧은 바늘은 그 12분의 1, 즉 30° 회전할 뿐이다. 다시 서로 겹칠 때까지 긴 바늘을 짧은 바늘보다 360° 여분으로 진행하면 되기 때문에 360°를 1시간의 진행 방법과의 차 330°로 나누면

$360° \div 330° = 12/11$시간

마다 긴 바늘과 짧은 바늘은 겹친다. 24시간에 몇 회 겹치는가를 구하려면 이 24시간을 겹치는 데에 필요한 시간 12/11시간으로 나누면 되는 것이다.

$24 \div 12/11 = 22$

즉 24시간 중에 12/11시간의 간격을 22회 잡을 수 있다. 양 끝은 바늘이 겹쳐도 추월하는 것 중에 포함할 수 없으므로 22-1=21회가 답이 된다.

그런데 이러한 뒤쫓음의 셈을 사용한 계산에 따르지 않아도 시계를 곰곰이 바라보고 생각해 보면 정해(正解)에 도달할 것이다.

추월하는 것은 오전 중의 1시—분, 2시—분, 10시—분의 합계 10회와 마찬가지로 오후의 10회에 정오를 포함한 계 21회이다.

예제 16. A마을과 B마을의 사이에는 거리 120㎞의 외길밖에 없다. A마을에서 사건이 발생하고 범인은 B마을 쪽으로 도망갔으므로 즉시 B마을에 통보하여 범인을 협공하기로 하였다. 두 마을의 경찰 순찰차는 시속 60㎞인데 범인은 시속 80㎞로 달렸다 한다. 범인은 민첩한 놈으로 맞은편에서 오는 순찰차에게 붙잡힐 것 같은 순간에 바로 되돌아서 도망가는 것을 반복하여 두 마을의 순찰차에 협공되어 붙잡힐 때까지 집요하게 돌아다녔다 한다.

A마을을 도망가기 시작하여 붙잡힐 때까지 범인이 가다가 되돌아가다가 한 거리의 총합을 구하여라. 다만 범인과 2대의 순찰차는 동시에 두 마을을 움직이

기 시작한 것으로 생각하기 바란다.

먼저 마주침의 셈으로 범인이 처음으로 경찰 순찰차와 마주치기까지의 거리를 구한다(480/7㎞). 다음으로 반대쪽에서 오는 순찰차와 마주치기까지의 거리를 구한다. (480/7^2㎞)……라는 것처럼 반복해서 그들의 총합

$$\frac{480}{7}+\frac{480}{7^2}+\frac{480}{7^3}+\cdots$$

을 구하면 된다. 물론 이것으로도 되지만 더 간단한 해법이 있다.

잠시 범인은 생각하지 말고, 2대의 경찰 순찰차에만 눈을 돌려보자. 2대의 순찰차는 두 마을의 한가운데서 1시간 후에 마주친다. 그동안 범인은 계속 달렸으므로 달린 거리는 80㎞이다.

예제 17. 1변의 길이가 10㎝인 정사각형의 꼭짓점에 A, B, C, D 4마리의 개미가 있다. A는 언제나 B가 있는 쪽을 향하고 B는 C를 향하며 C는 D를 향하고 또 D는 A를 향해서 4개의 오므라드는 형태로 진행하는 것으로 한다. 4마리 모두 같은 속도라 하면 4마리는 몇 ㎝ 진행한 후에 1개소로 모일까?

처음에 정사각형의 꼭짓점 P, Q, R, S에 있었던 4마리의 개미가 일정 시간 후 각각 P′, Q′, R′, S′로 왔다고 하자. 4마리의 개미의 움직임은 대등하므로 어느 순간에도 4마리의 개미는 정사각형 PQRS의 중심 O에 관해서 대등한 위치에 있어야 할 것이다.

따라서 사변형 P′Q′R′S′는 O를 중심으로 하는 정사각형이 된다. 더구나 뒤쫓는 개미가 진행하는 방향은 쫓기는 개미가 진행하는 방향과 수직으로 되어 있으므로 양자의 거리를 축소시키는 것은 뒤쫓는 개미의 운동에만 기인하고 있다. 따라서 10㎝ 따라붙기만 하면 되는 것이므로 10㎝ 진행한 뒤에 4마리의 개미는 1개소에 모인다.

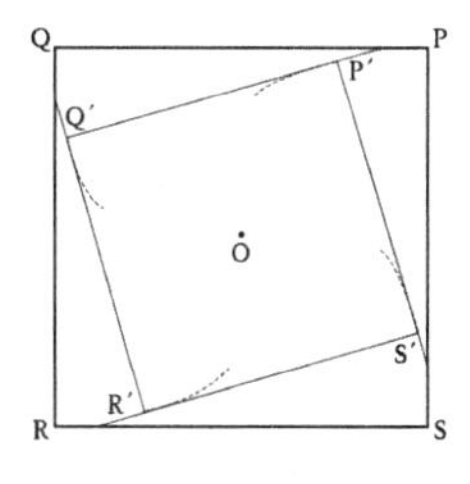

내친 김에 4마리의 개미는 중심 O의 주위를 몇 회전해서 1개소에(중심 O에) 모이는가를 생각해 보자. P에서 출발하여 중심 O의 주위를 $\alpha°$ 회전했을 때 4마리의 개미가 1점 O에 모였다고 하자. 그런데 P에서 시작하였다고 생각해도 P′에서 시작하였다고 생각해도 상사(相他)이므로

$$\alpha + \angle POP' = \alpha$$

가 된다. 확실히 ∠POP′=0이므로 불합리하다. 따라서 유한의 각도를 회전한 후에 1점에 모인다고는 생각할 수 없으므로 무한 회전한 뒤, 1점에 모인다. 〔배리법〕

이하 「산수의 퍼즐」의 범위를 넘지만 일반적인 설명을 부가해 둔다.

일반적으로 동점(動点)을 P′라 할 때 OP′와 P′에서의 접선과 이루는 각이 항상 주어진 각 α인 곡선은 로그나선이라든가 등각나선이라 불리고 있다. 이 곡선의 방정식을 극좌표를 사용해서 나타내면

$$\gamma = ae^{-\theta \tan \alpha}$$

라 적을 수 있다. 위의 문제에서 α는 45°이고 a는 $5\sqrt{2}$ ㎝이므로 이 곡선은

$$\gamma = 5\sqrt{2}\,e^{-\theta}$$

라 적을 수 있다.

문제를 정n각형의 꼭짓점에 n마리의 개미가 있다는 경우로 확장해 보자.

'1변이 b㎝인 정n각형의 꼭짓점에 n마리의 개미 A_1, A_2,……, A_n이 있고, 어느 개미도 그 인접한 개미 A_{i+1}이 있는 방향을 향해서(특히 A_n은 A_1을 향해서) 같은 속도로 진행하는 것으로 한다. 이들 n마리의 개미는 몇 ㎝ 진행한 뒤에 1개소에 모일까?'

n=3일 때는 마주침의 셈이라 생각할 수 있다. 마주침의 셈으로서 계산해 보면 2b/3㎝ 진행한 곳에서 1점으로 모인다.

또 n≥5일 때는 뒤쫓음의 셈이 된다. 특히 n=6일 때는 2b㎝ 진행한 뒤에 1점에 모이는 것을 알 수 있다.

【문제 8】 잊은 물건

어느 날 아침, 여느 때와 같이 아버지는 2㎞ 떨어진 역을 향해서 시속 4㎞의 속도로 떠났다. 15분 후, 아버지가 물건을 잊고 가신 것을 알아차리고 곧 시속 6㎞의 자전거로 뒤쫓았다. 태수가 아버지를 따라붙는 것은 몇 분 후일까?

【해답】

따라붙을 수 없다(또는 20분 후).

30분 후라고 대답한 사람은 없는가? 확실히 뒤쫓음의 셈으로 계산해 보면 30분이라는 답이 나온다.

태수가 집을 나올 때 아버지는 이미 집에서 1㎞ 떨어진 곳까지 가 있다. 태수는 1시간에 6-4=2㎞의 비율로 아버지를 따라붙으므로 1㎞ 따라붙으려면 30분 걸린다.

그러나 30분이나 자전거로 달리면 3㎞나 앞서 역을 통과해 버린다. 태수가 역에 도착하는 것은 20분 후인데 그 5분 전에 아버지는 역에 도착해 있으므로 도중에서는 따라붙을 수 없다. 그러나 그 5분 동안에 전차가 오지 않으면 아버지는 아직도 역에 있는 셈이므로 태수가 역에 도착했을 때(즉 20분 후에) 아버지를 만날 수 있다.

이것은 그래프를 그려 확인할 수 있다.

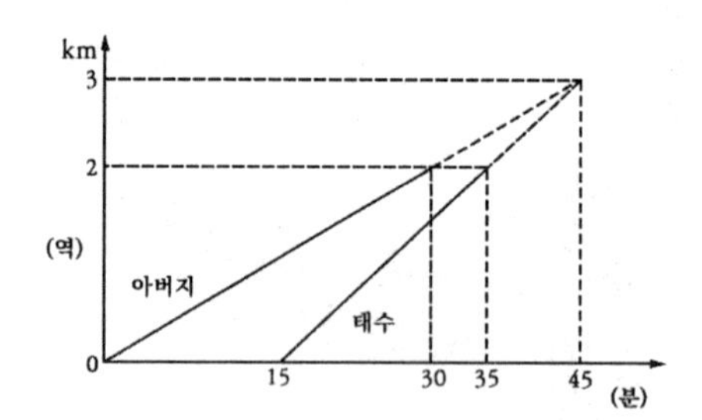

【문제 9】 평균속도

어제, 120㎞ 떨어진 이웃 마을을 드라이브하였다. 갈 때는 길이 비어 있었기 때문에 60㎞로 달릴 수 있었으나 돌아올 때는 마침 러시아워에 걸려 시속 40㎞밖에 속력을 낼 수 없었다. 그렇다면 갈 때와 돌아올 때의 전체 거리의 평균속도는 시속 몇 ㎞였을까?

【해답】

평균속도 시속 48㎞.

시속 60㎞와 시속 40㎞의 평균이므로 시속 50㎞라 한 사람은 없는지.

갈 때 120÷60=2시간 걸리고 돌아올 때 120÷40=3시간 걸렸으므로 왕복 240㎞를 5시간 걸렸고 평균속도는 시속 240÷5=48㎞라는 것이 된다.

「산수의 퍼즐」의 범위를 넘지만 대수적인 설명을 부가해 둔다. 일반적으로 a㎞의 거리를 갈 때는 시속 u㎞의 속도로 가고 돌아올 때는 시속 V㎞의 속도로 돌아왔다고 하면, 소요시간은 왕복으로

$$\frac{a}{u}+\frac{a}{v}\text{시간}$$

걸린 것이 된다. 왕복의 평균속도를 시속 V㎞라 하면

$$V=2a\div\left(\frac{a}{u}+\frac{a}{v}\right)$$

가 되므로

$$\frac{1}{V}=\frac{1}{2}\left(\frac{1}{u}+\frac{1}{v}\right)$$

결국 '평균속도의 역수는 각각의 속도의 역수 평균'이 된다. 역수의 평균의 역수에 대한 것을 조화평균이라 하므로, 왕복속도의 평균은 각각의 속도의 조화평균인 셈이다.

【문제 10】 왕복 거리

어떤 사람이 산에 올랐다가 곧 산을 내려와 출발점으로 되돌아 왔다. 시간은 왕복에 5시간 걸렸으나 평지는 갈 때도 돌아올 때도 시속 4㎞의 속도였고 오르막길은 시속 3㎞의 속도로, 내리막길은 시속 6㎞의 속도로 걸었다. 이 사람이 걸은 왕복 거리를 구하여라.

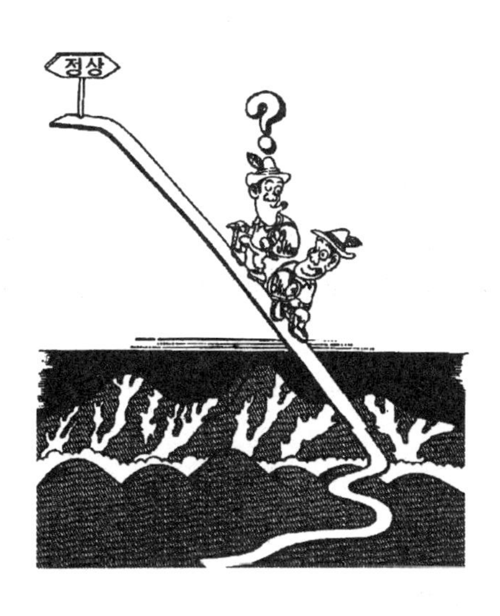

【해답】

20㎞.

앞의 〈문제 9〉에서 언급한 것처럼 산길의 오르막과 내리막의 평균속도를 구하려면 시속 3㎞의 속도와 시속 6㎞의 속도의 역수의 평균의 역수(조화평균)를 구하면 되는 것이다.

$$\frac{1}{\frac{1}{2}\left(\frac{1}{3}+\frac{1}{4}\right)}=4$$

결국 산길의 오르막과 내리막의 평균속도는 시속 4㎞라는 것이 된다. 이것은 평지의 속도와 같으므로 시속 4㎞의 속도로 5시간 걸은 것에 상당하므로

4×5=20㎞

이것은 루이스 캐롤 『까다로운 이야기』 안에 나오는 문제이다.

대수적 설명을 덧붙여 적어 둔다. 이 문제를 보았을 때 조건이 부족한 것은 아닌가라고 생각한 사람은 없는지. 평지의 속도가 오르막과 내리막의 속도의 조화평균으로 되어 있기 때문에 잘 풀린 것이다.

평지의 편도를 a㎞, 산길의 편도를 b㎞라 하면 소요시간을 계산해서

$$\frac{a}{4}+\frac{b}{3}+\frac{b}{6}+\frac{a}{4}=5$$

가 되므로 왕복의 거리

2(a+b)=20㎞

를 얻었다.

【문제 11】 택시요금

“어젯밤, 각자 부담한다는 약속 아래 세 사람이 택시를 합승하였는데 말이지. A군은 전체 거리의 3분의 1의 곳에서 내리고 3분의 2의 곳에서 B군도 내렸어. 마지막에 나는 9,000원을 지불하였는데 A, B 두 사람에게 얼마씩 청구하면 될까라고 생각하고 있는 걸세.”

“각자 부담이라 했어도 3,000원씩 받을 수는 없잖아. 탄 거리는 1:2:3이니까…….”

“응. 그러나 탄 거리에 따라서 지불하는 것이 합리적이라 말할 수 있을까?”

A, B 두 사람에게 얼마씩 청구하는 것이 좋은지 생각하기 바란다.

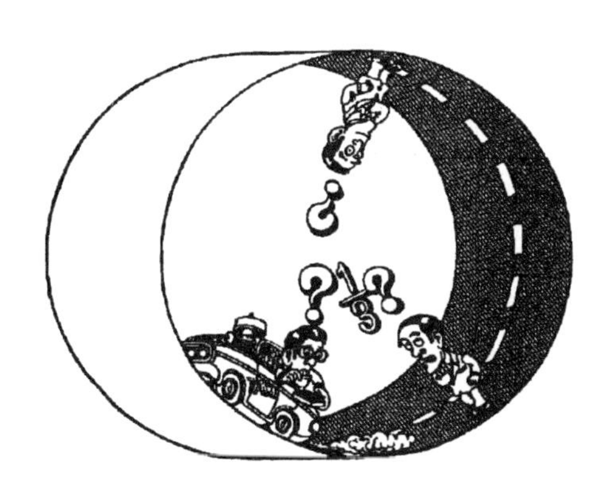

【해답】

A군에게 1,000원, B군에게 2,500원을 청구한다.

세 사람이 탄 거리의 비가 1:2:3이므로 탄 거리에 따라 부담한다고 하면

A군에게 $9000 \times \frac{1}{1+2+3} = 1{,}500$원

B군에게 $9000 \times \frac{1}{1+2+3} = 3{,}000$원

을 청구하여 나머지 4,500원을 자기가 부담하는 것이 될 것이다. 그런데 최초의 3,000원을 3명이 각자 부담하면 1명당 1,000원씩이다. 다음의 3,000원은 B와 자기의 2명이 각자 부담하여 1명당 1,500원, 마지막은 자기만의 부담으로 해야 할 것이다. 그러면

A군은 1,000원

B군은 1,000+1,500=2,500원

자기는 1,000+1,500+3,000=5,500원

으로 생각하는 것이 합리적이다.

이 문제는 듀도니 『퍼즐의 임금님』의 75번에서 힌트를 얻어 만든 것이다.

【문제 12】 시계바늘의 교체

장난을 좋아하는 태수가 시계의 긴 바늘과 짧은 바늘을 바꿔치기해버렸다(결국 긴 바늘 쪽이 짧은 바늘의 움직임을 하고 짧은 바늘 쪽이 긴 바늘의 움직임을 하는 셈이다). 아버지가 이 시계를 보고 속는(문자관의 위에서는 2개의 바늘이 올바른 시간—정확한 시곗바늘이 가리킬 수 있는 시간—을 가리키고 있지만 실제의 시간과는 다르다) 것은 1일 중 몇 회 있을까? 다만, 1일이라는 것은 오전 0시에서 오후 12시까지이다(이 시계는 긴 바늘과 짧은 바늘이 교체되어 있는 것 이외는 정확히 움직이고 있는 것으로 한다).

【해답】

264회.

1시간 동안에(예컨대 3시에서 4시까지의 사이에) 시계의 바늘이 문자판의 위에서 올바른 시간을 가리키는 것은 12회 있다. 그러나 그 가운데 1회는 긴 바늘과 짧은 바늘이 일치할 때이므로 이때는 실제의 올바른 시간을 나타내고 있고 아버지가 속은 것으로는 되지 않는다. 그래서 속는 것은 1시간마다 11회 있다. 따라서 1일 24시간 중에 아버지가 속는 것은

11×24=264회

가 된다.

올바른 시간과 2시간 전후의 엇갈림까지의 때에 아버지가 속는다고 하면 1시간마다 4회 속으므로 1일에는 4×24=96회 속는 것이 된다.

올바른 시간

m시 $\frac{60(m+12n)}{143}$분

에 이 시계의 바늘은

n시 $\frac{60(12m+n)}{143}$분

을 가리키고 있다.

이 문제는 듀도니 『퍼즐의 임금님』의 61번을 기초로 하여 만든 것이다.

【문제 13】 바둑모임

A, B, C, D 4명이 바둑 모임을 개최하였다. 서로 적어도 한 번은 대전을 한다는 것으로 하여 바둑을 두었다. 전적을 물어보았더니 A씨는 3승 1패, B씨는 1승 2패이고 C씨는 3전 전승이었다. 이것만으로 D씨의 전적은 알 수 있다고 하는데 그러면 몇 승 몇 패였을까?

【해답】

D는 4전 전패였다.

	A	B	C	D
A			−1	
B			−1	
C	1	1		1
D			−1	

	A	B	C	D
A		1	−1	2
B	−1		−1	
C	1	1		1
D	−2		−1	

	A	B	C	D
A		1	−1	2
B	−1		−1	1
C	1	1		1
D	−2	−1	−1	

승패 표를 만든다. 승전 수를 양의 수로, 패전 수를 음의 수로 표시한다. C는 3전 전승이고 다른 사람과 적어도 한 번은 대전하고 있는 것이므로 A, B, D에 1승씩 하고 있는 것이 된다(위의 표).

A는 3승 1패였다. 1패는 C에게 한 것이므로 B와 D로부터 합쳐서 3승한 것이 된다. B에 2승, D에 1승 하였다고 생각하면 B는 3패 이상을 한 것이 되어 문제의 조건에 맞지 않는다. 그래서 B에 1승하고 D에 2승한 것이 된다(가운데 표).

B는 1승 2패였으므로 이 1승은 D로부터 한 것을 알 수 있다(아래 표). 따라서 D는 4전 전패였음을 알 수 있다.

【문제 14】 하이쿠(排句)를 만들다

"컴퓨터의 계산 속도도 마침내 나노세컨드(Nano Second)의 속도에 근접해 온 것 같아."

"나노세컨드란 뭐지?"

"10억 분의 1초를 말하는 걸세."

"허참, 1초간에 10억이나 되는 계산을 할 수 있다는 건가?"

"그렇다. 의미가 있든 없든, 50음〔역주: 일본의 표음문자인 가나'의 수〕을 17개 배열한 것을 하나의 하이쿠〔역주: 5·7·5·의 3구 17음절로 된 일본 고유의 단시(短時)〕라 생각하면 하이쿠는 전부 해서 50^{17}구(句) 생각할 수 있지. 그런데 1초간에 하이쿠를 10억 구나 만드는 계산기가 있었다고 하고 전부의 하이쿠 50^{17}을 완성하려면 어느 정도 걸릴 것이라고 생각하는가?"

"글쎄, 금방 되는 것이 아닐까?"

"만일 그렇다면 하이쿠를 짓는 사람도 페인이야."

【해답】

2조(兆) 년 이상 걸린다.

50^{17}의 값을 구하려면 보통 로그 표를 사용하지만 여기서는 억지로 계산해 보자.

$$50^{17}=(5^8)^2\times5\times10^{17}$$
$$=390625^2\times5\times10^{17}$$
$$=762939453125\times10^{17}$$

어차피 상세히 적어도 의미가 없으므로 $50^{17}=7.6\times10^{28}$이라 해 둔다. 1초간에 10^9구를 만드는 것이므로 1년간에는 $60\times60\times24\times365\times109\fallingdotseq3.2\times10^{16}$구를 만든다. 따라서 전부의 하이쿠를 만들려면

$$7.6\times10^{28}\div(3.2\times10^{16})=2.4\times10^{12}\text{년}$$

즉 2조 년 이상 걸린다.

이러한 것으로부터 하이쿠의 총수는 50^{17}이므로 어차피 유한이다 등이라 말해도 정신이 아찔해질 수라는 것을 알 수 있다. 무한만 아니면 끈기 있게 조사하여 언젠가는 결말이 날 것이라고 속임수를 써도 무리는 없을 것이다.

또 1나노세컨드라는 것은 확실히 순간의 시간인데 저 빠른 빛이 30㎝만큼 진행하는 시간이라고 생각하기 바란다. 상상이 되는지.

【티 코너】(2)

5. 개구리가 깊이 10m의 우물 바닥에서 지상으로 나오려 하고 있다. 낮에는 3m 기어오르지만 밤에 잠을 자고 있는 동안에 2m 아래로 미끄러져 떨어진다고 한다. 개구리는 며칠만에 우물 밖으로 나올 수 있을까?

6. 형제 두 사람이 100m 경주를 하였다. 1회는 형이 3m 이겼다. 그래서 2회째는 형이 출발선보다 3m 물러서서 경주하기로 하였다. 그러면 이번의 승부는 어떻게 될까? 다만 2회째의 속도는 1회째의 속도와 변화가 없는 것으로 한다.

7. 25층 빌딩이 있다. 엘리베이터로 1층에서 5층까지 오르는데 5초 걸렸다. 이것과 같은 속도로 1층에서 25층까지 오르는데 몇 초 걸릴까?

8. 어떤 연못의 부평초가 자라는 것이 매우 빨라 1일 동안에 전날에 연못의 표면을 덮고 있던 넓이의 2배를 덮어 버린다 한다. 이 부평초가 연못의 표면 전체를 다 덮어버리는데 10일간 걸렸다고 하면 이 연못의 절반을 덮는 데는 며칠이 걸렸을까?

9. 이웃집에서 한 마리의 테리어를 사육하고 있다. 신경질적인 놈이어서 멍멍 짖어 고통을 받고 있는데 언젠가 시계로 재어 보았더니 밤에 누군가가 지나가면 그 뒤 정확히 40분간 계속 짖고 있었다. 이 테리어가 같은 비율로 밤새도록 계속 짖도록 하려면 최소한도 몇 사람의 통행인이 필요할까? 다만, '밤새도록'이란 편의상 10시간이라 해두자.

【해답】

5. 8일째의 저녁에 밖으로 나올 수 있다. 1일 1m씩이므로 10일 걸린다고 생각하지 않았는가? 8일째의 아침은 7m의 곳까지 올라와 있으므로 낮 동안에 3m 기어올라서 가까스로 밖으로 나올 수 있다.

6. 승부 없음이라고 생각한 사람이 있을지도 모른다. 형이 100m 달리는 동안에 동생은 97m 달리는 것이므로 2회째에 형이 100m, 즉 결승점보다 3m 앞에 왔을 때 동생과 한 줄로 늘어선다. 나머지 3m의 경쟁이므로 형의 승리가 된다.

7. 1층에서 5층까지 층과 층의 간격은 4층이다. 따라서 4개 층 올라가는 데 5초 걸린 셈이다. 1층에서 25층까지라면 간격은 24개 층이 있으므로 1층에서 5층까지의 6배이다. 따라서

   5×6=30초

   걸린다.

8. 9일 걸렸다. 9일에 연못의 절반을 덮고 마지막 날에 그 배가 돼서 전면을 다 덮어 버린 것이다.

9. 이것은 2시간에 3명 지나가면 되는 계산이므로 10시간에는 15명이라고 답하는 것이 상식일 것이다. 하지만 그것은 잘못이다.

   답은 1명. 구하고 있는 것은 최소한도 몇 사람인가라는 것이다. 결국 같은 사람이 왔다 갔다 하면 되는 것이므로 1명으로 충분하다.

Ⅲ. 대수의 퍼즐

'대수'의 특징은 하나하나의 구체적인 수 대신에 문자를 사용해서 그 내용을 일반적으로 표현하는 데에 있다. 나머지는 문자를 포함한 수식의 변형술을 익히기만 하면 모르는 사이에 답을 얻을 수 있다.

이 장의 문제도 그 내용을 충실히 문자를 사용해서 표현할 수 있기만 하면 나머지는 변형술에 의해서 그 해결을 얻을 수 있을 것이다.

게임 코너 (2)

〈트럼프 게임〉 두 사람이 하는 트럼프의 게임이다. 한 사람은 적색의 〈♦와 ♥의〉 A, 2, 3을 각 2매씩 갖고 또 한 사람은 흑색의 〈♣와 ♠의〉 A, 2, 3을 각 2매씩 갖는다. 두 사람이 번갈아 손에 든 카드를 서로 내서 낸 카드의 합계가 n이 되면 승리다. 또 n보다 많아진 사람은 패배다.

예로서 n=15일 때를 생각해 보자. 이 경우, 선수(先手)에 3을 내는 것 같은 묘수가 있기 때문에 선수 필승이 된다. 선수가 3을 낸 다음 후수(後手)가 A, 2, 3의 어느 것을 내든 선수는 나와 있는 카드의 합이 7이 되도록 카드를 내면 된다(후수가 A라면 선수는 3을 내고 후수가 2라면 선수도 2를 내며 후수가 3이라면 선수는 A를 내면 된다). 다음 후수가 어떤 카드를 낸다 하더라도 선수에 묘수가 있다. 이러한 카드를 내는 방법을 아래와 같이 그때까지 나온 카드의 수의 합을 적어서 나타낸다(특히 ○표가 붙은 수는 선수가 카드를 냈을 때까지의 카드의 수의 합을 보여 주고 있다). 선수가 3을 낸 다음 후수가 A를 냈을 때만을 예시하여 둔다(이 다음은 후수가 어떻게 내도 선수의 승리이다).

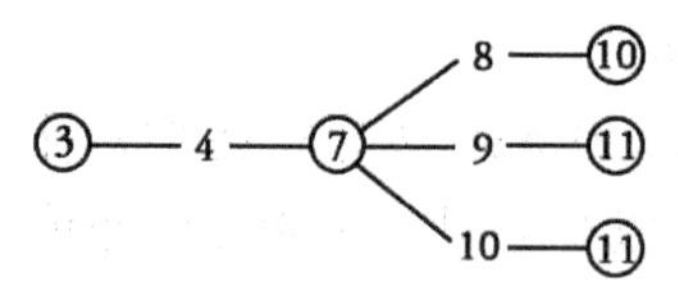

그런데 n=12, 13, 14일 때는 후수가 필승이 되는 것을 알 수 있다.

스피드 계산법

예부터 빨리 계산하는 방법은 여러 가지 알려져 있다. 예컨대 일본에서 가장 오래된 수학서라 일컬어지는 모리 시게요시(毛利重能)의 『나눗셈서(割算書)』 책 안에도 다음과 같이 적혀 있다.

'25로 나누는 것은 4를 곱해도 좋다. 25를 곱하는 것은 4로 나눠도 좋다…….'

이 처음 부분의 의미는 $a \div 25 = 4a/100$

25로 나누려면 4배 한 후 자릿수를 두 자리 작은 쪽으로 옮기면 된다는 것을 말하고 있다. 또 뒷부분은 $a \times 25 = 100a/4$

즉 25배 하려면 자릿수를 두 자리 큰 쪽으로 옮겨 놓고 4로 나누면 된다는 것을 언급하고 있는 것이다.

이러한 '스피드 계산법(간편 계산법)'에 익숙해지면 대단히 편리하다. 따라서 여기서는 곱셈의 '스피드 계산법'의 대표적인 것에 대한 설명을 해둔다.

(A) 85^2을 계산하는 데에

백의 자리 이상은 $8 \times (8+1) = 72$

아래의 두 자릿수는 $5 \times 5 = 25$

답은 7225로서 구할 수 있다.

```
     8 5
   × 8 5
   ------
    72 25
8×9 ↑   ↑ 5×5
```

일반적으로 일의 자리가 5인 두 자리의 수의 제곱은 어느 것도 마찬가지로 하여 구할 수 있는 것이 아닌가라고 생각된다. 그것을 증명해 보자. 그 수를

$$10a+5$$

라 한다. 그러면

$$(10a+5)^2 = 100a^2 + 100a + 25 = 100a(a+1) + 25$$

확실히 백의 자리 이상은 $a(a+1)$이고 아래 두 자릿수는 25가 된다. 이처럼 문자를 사용해서 일반적으로 증명하면 나머지는 a가 어떠한 수라도 성립하는 것을 알 수 있다. 이것이 대수의 하나의 특징이다.

마찬가지 방법으로 구할 수 있는 것은 그 밖에 없는 것일까?

예컨대 74×76을 계산하는 데

백의 자리 이상은 $7\times(7+1)=56$

아래 두 자릿수는 $4\times6=24$

답은 5624

	7	4
×	7	6
	56	24
	7×8 ↗	↖ 4×6

로서 위의 것과 마찬가지로 구할 수 있다.

예제 18. 십의 자리가 같고 일의 자리의 합이 10이 되는 두 수의 곱을 구하려면 (십의 자리)×(십의 자리 더하기 1)을 답의 백의 자리 이상으로 하고, (일의 자리)×(일의 자리)를 답의 아래 두 자리로 하면 된다.
그 이유를 생각하기 바란다.

2개의 수를 $10a+b$, $10a+c(b+c=10)$이라 하자.

$$(10a+b)(10a+c)=100a^2+10(b+c)a+bc$$

$$=100a(a+1)+bc$$

앞에서의 일의 자리가 5인 수의 제곱수도 이것의 특수한 경우이다. 이러한 것들은 외워두면 편리할 것이다.

그런데 88×73등이라 해도

백의 자리 이상은 $8\times(7+1)=64$

아래 두 자릿수는 $8\times3=24$

로서 마찬가지로 구할 수 있다.

이 밖에 조금 알아차리기 어려울지 모르지만 69×7이라 해도 백의 자리 이상은 6×(2+1)=18

아래 두 자릿수는 9×7=63

과 같이 같은 방법으로 계산할 수 있는 것도 있다. 이러한 '스피드 계산법'을 사용할 수 있는 것은 원래의 두 수를

```
   8 8
×  7 3
 64 24
```

```
   6 9
×  2 7
 18 63
```

10a+b와 10c+d

라 했을 때 다음 두 가지의 경우이다.

○ $ad+bc=10a$일 때
$(10a+b)(10c+d)=100a(c+1)+bd$

○ $ad+bc=10c$일 때
$(10a+b)(10c+d)=100c(a+1)+bd$

(B) 다음으로 58^2의 계산을 생각하여 보자.

백의 자리 이상은 5×5에 8을 더해서 33으로 한다.

아래 두 자릿수는 8×8=64

로서 구할 수 있다. 이 방법은 50대의 수의 제곱을 구할 때 언제라도 사용할 수 있다.

```
        5 8
    ×   5 8
       33 64
5×5+8 ↗    ↖ 8×8
```

$(50+b)^2=100(25+b)+b^2$

이므로 백의 자리 이상은 25+b이고 아래 두 자릿수는 b^2으로서 구할 수 있다.

예제 19. 일의 자리가 같고 십의 자리의 합이 10이 되는 두 수의 곱을 구하려면 (십의 자리)×(십의 자리)+(일의 자리)를 답의 백의 자리 이상으로 하고 (일의 자리)의 제곱을 아래 두 자리로 하면 된다.
그 이유를 생각하기 바란다.

2개의 수를 $10a+c$, $10b+c(a+b=10)$이라 한다.

$$(10a+c)(10b+c)$$
$$=100(ab+c)+c^2$$

	3	8
×	7	8
	29	64

처럼 증명된다.

오른쪽에 예를 들어 두자.

실은 이 방법은 더 일반화된다.

79×26등의 경우에는 백의 자리 이상은

$$7 \times 2+6=20$$

아래 두 자리는 $9 \times 6=54$

	7	9
×	2	6
	20	54

가 된다. 이처럼 할 수 있는 것은 원래의 두 수를

$10a+b$와 $10c+d$

라 하였을 때, 곱을 간단히 구할 수 있는 것은

$ad+bc$가 $10b$나 $10d$

의 어느 쪽인가일 때이다.

○ $ad+bc=10b$일 때
$$(10a+b)(10c+d)=100(ac+b)+bd$$

○ $ad+bc=10d$일 때

$$(10a+b)(10c+d)=100(ac+d)+bd$$

(C) 또 하나만 '스피드 계산법'의 예를 들어 보자.

12×13을 계산하는 것은

십의 자리 이상은 12+3=15

일의 자리는 2×3=6

```
  1 2
× 1 3
  156
```

113×108은

백의 자리 이상은 113+8=121

일의 자리 이상은 13×8=104

답은 12100+104=12204

```
   1 1 3
 × 1 0 8
   1 2\1 0 4
       2
```

이것을 일반화하여 증명하자.

예제 20. 10^n+a와 10^n+b의 곱을 구하려면 10^n+a와 b의 합을 답의 10^n을 단위로 한 수로 하고 그 수에 ab를 더하면 된다.

이것을 증명하여라.

$$(10^n+a)(10^n+b)=10^n(10^n+a+b)+ab$$

예를 들어보자.

천의 자리 이상 1023+27=1050

아래 세 자리 23×27=621

(23×27의 계산에는 〈예제 18〉을 이용)

```
   1 0 2 3
 × 1 0 2 7
   1050621
```

실은 10^n보다 작은 두 수의 곱의 경우에도 마찬가지로 계산할 수 있다.

$$(10^n-a)(10^n-b)=10^n(10^n-a-b)+ab$$

결국 10^n-a에서 b를 뺀 것(10^n-a와 10^n-b의 합에서 10n을 뺀 것)을 답의 10^n의 자리로 하고 ab를 답의 일의 자리 이상으로 하면 된다. 이것은 실용적으로는 크게 도움이 될 것이다.

```
   9 7 … 2        백의 자리 이상 98-4=94
 × 9 6 … 4        아래 두 자리 2×4=8
 ─────────
   9 4 0 8
```

```
   9 3 6 … 64     천의 자리 이상 936-7=929
 × 9 9 3 … 7      아래 세 자리 64×7=448
 ───────────
   929448
```

이 스피드 계산법은 더 일반화할 수 있다. 10^m보다 조금 큰(작은) 수와 10^n보다 조금 큰(작은) 수의 곱을 구할 때에도 사용된다.

$(10^m \pm a)(10^n \pm b)$

$=10^n(10^m \pm a)+10^m(10^n \pm b)-10^{m+n}+ab$

결국 $10^m \pm a$와 $10^n \pm b$의 합을 머리 쪽을 가지런히 하여 더한다(자리는 10^m과 10^n의 작은 쪽이다). 그 결과에서 10^{m+n}을 빼고 그 것에 ab를 더하면 된다.

예를 들어보자.

1023×102의 계산

```
   1 0 2 3        백의 자리 이상은 1023+20=1043
 × 1 0 2          일의 자리 이상은 23×2=46
 ───────
   104346
```

1023×12의 계산

```
   1 0 2 3        십의 자리 이상은 1023+200=1223
 × 1 2            일의 자리 이상은 23×2=46
 ───────
   1 2 2 3̸ 6
         7
```

【문제 15】 12지(支, 띠)는?

어떤 사람의 이야기다.

'나의 아버지는 다이쇼 시대(1912~1926)에 태어났고 나의 할아버지는 메이지 시대(1868~1912)에 태어났는데 할아버지와 아버지와 나 세 사람은 우연히 12지(자, 축, 인, 묘……)가 같다. 거듭 재미있게도 내가 태어난 해의 쇼와 연호(年號)와 아버지가 태어난 해의 다이쇼 연호의 합이 할아버지가 태어난 해의 메이지 연호로 되어 있다'

그러면 이 사람의 12지(띠)는 무엇일까?

덧붙이면 메이지 45년은 다이쇼 원년이고 다이쇼 15년은 쇼와 원년이다. 또 다이쇼 원년은 '자(子, 쥐)의 해'이므로 그러한 셈으로 생각하기 바란다.

【해답】

12지는 유(酉, 닭)이다.

부자간의 나이 차이는 24세, 36세, 48세, 60세의 어느 것인가이다(그러나 할아버지가 아버지보다 60세나 위라고 하면 할아버지는 메이지 태생이 아닌 것이 되므로 그러한 일은 없다).

그런데 아버지가 다이쇼 x년생이라 하면 할아버지는 메이지 x+20년, x+8년, x-4년생의 어느 것인가이다. 또 나는 쇼와 x+10년, x+22년, x+34년, x+46년생의 어느 것인가이다.

내가 태어난 해의 쇼와 연호와 아버지가 태어난 해의 다이쇼 연호의 합 2x+10, 2x+22, 2x+34, 2x+46이 할아버지가 태어난 해의 메이지 연호와 같아지는 가능성이 있는 것은

$$2x+10=x+20$$

일 때뿐이다. 다른 경우는 어느 것도 x가 음(마이너스)이 된다. 이것으로부터 x=10이 얻어진다.

결국, 할아버지는 메이지 30년(1897)생이고 아버지는 다이쇼 10년(1921)생이라는 것이 된다. 다이쇼 원년의 12지가 자(子, 쥐)이므로 자축인묘진사오미신유술해(子丑寅卯辰巳午未申酉戌亥)라 세어보면 다이쇼 10년은 닭(유, 酉)의 해라는 것을 알 수 있다.

【문제 16】 맞지 않는 천칭

어느 상점의 천칭은 좌우의 받침 가로대의 길이가 약간씩 다르다. 가로대의 길이가 긴 쪽에 분동(저울추)을 올려놓고 짧은 쪽에 물품을 올려놓으면 손님으로서는 손해를 볼 것이다. 그러나 그 반대로 가로대의 길이가 긴 쪽에 물품을 올려놓고 짧은 쪽에 분동을 올려놓으면 자신의 점포 쪽이 손해를 본다. 그래서 이러한 일을 교대로 하면 결국 상점으로서는 득실이 없을 것이라고 이 상점주인은 생각하였다. 과연 그러할까?

⑴ 정해진 분동(㎎의 분동) 하나만을 사용해서 물품(예컨대 달아서 파는 설탕)을 팔 때.

⑵ 무게가 일정한 물품을 팔 때.

【해답】

(1)일 때는 상점은 반드시 손해를 본다.

(2)일 때는 상점은 언제나 이득을 본다.

이러한 것을 말하려면 문자를 사용해서 일반적으로 표현해 볼 필요가 있다.

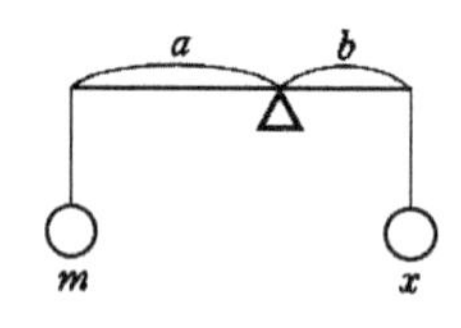

천칭의 가로대의 길이를 a㎝와 b㎝라 한다. 저울이 맞지 않고 있으므로 $a \neq b$이다.

(1) 처음에 a㎝ 쪽에 mg의 분동을 올려놓고 균형이 잡혔다 하자. 이때 물품의 올바른 무게를 xg이라 하면

$am=bx \qquad \therefore x=am/b$

다음으로 이 분동을 b㎝ 쪽에 올려놓고 무게 yg의 것과 균형이 잡혔다 하면

$ay=bm \qquad \therefore y=bm/a$

여기서 x와 y의 평균값과 m과의 크고 작음을 비교하면

$$\frac{1}{2}(x+y)-m=\frac{m}{2ab}(a-b)^2>0$$

결국 평균해서 mg보다 많은 것을 판 것이 되어 상점은 손해를 본다.

(2) xg의 물품을 두 가지의 방법으로 재어 보았을 때 각각 분동을 mg, ng만큼 올려놓고 균형이 잡혔다 하자.

$$\frac{1}{2}(m+n)-x=\frac{x}{2ab}(a-b)^2>0$$

결국 상점은 이득을 본다.

【문제 17】 문자판의 분할

오후 근무시간 중의 일이다. 문득 시계를 보았더니 긴 바늘과 짧은 바늘이 일직선으로 늘어서 있고 이 직선으로 나뉜 2개의 문자판의 수의 합이 서로 같아져 있음을 알아차렸다. 이때 대충 몇 시 몇 분이었을까?

다만 이 시계의 문자판에는 1에서 12까지의 모든 수가 적혀 있는 것으로 생각하기 바란다.

【해답】

대략 3시 49분

12를 포함하지 않는 쪽의 수를

$a,\ a+1,\ a+2,\ a+3,\ a+4,\ a+5$

라 하면 이들의 합 $6a+15$는 1에서 12까지의 합 78의 절반인 39이므로

$6a+15=39 \qquad \therefore a=4$

따라서 일직선으로 늘어섰을 때의 짧은 바늘의 위치는 3시와 4시의 사이든가, 9시와 10시 사이의 어느 쪽인가이다. 그러나 오후의 근무시간 중의 일이었으므로 그것은 3시와 4시의 사이이어야 할 것이다. 이 시간을 3시 x분이었다고 하자. 긴 바늘이 x분 진행하는 동안에 짧은 바늘은 $\frac{1}{12}x$분 진행하므로

$x=15+\frac{1}{12}x+30$

$\therefore\ x=\frac{540}{11}=49\frac{1}{11}$

즉 3시 $49\frac{1}{11}$분을 말하므로 대략 3시 49분이라 할 수 있다.

긴 바늘과 짧은 바늘이 120°의 각(전체의 3분의 1의 각)을 이루고 있고 그 각의 사이의 문자판의 수의 합도 26(전체의 합의 3분의 1)으로 되어 있는 것은 대략 2시 55분, 4시 44분, 8시 22분과 10시 11분의 4회이다.

【문제 18】 우물의 깊이

우물 속에 돌을 떨어뜨렸을 때부터 그 돌이 우물 바닥에 맞았을 때의 소리가 들려올 때까지 2초 걸렸다고 하자. 물체를 떨어뜨렸을 때 t초간에 $5t^2$m 떨어지는 것과 소리의 속도는 매초 340m라는 것을 알고 이 우물의 깊이를 구하여라.

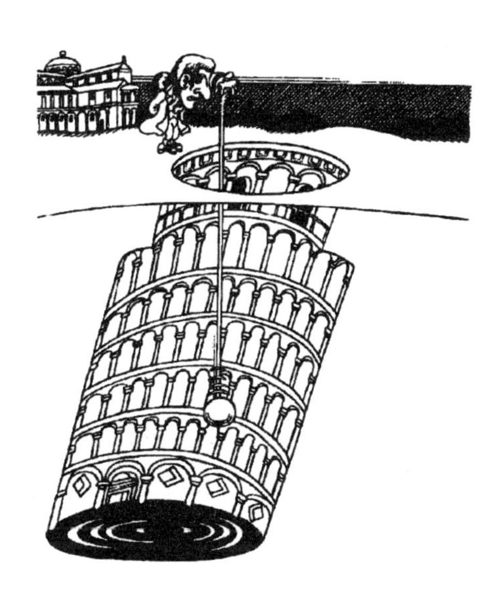

【해답】 대략 19m이다.

이 문제는 뉴턴의 『일반산술』 속에 나와 있는 것인데 수학의 문제라기보다 물리의 문제일 것이다. 그러나 2차방정식의 대표적인 응용례로 간주하여 채택하였다.

우물의 깊이를 dm라 하고 돌이 바닥까지 떨어지는 시간을 t초, 그 소리가 위까지 전달되는 데에 t′초 걸렸다고 하자. 그러면

$t+t'=2$

$d=5t^2=340t'$

이들 식에서 t′를 없애면

$t^2=68(2-t)$

$t^2+68t-136=0$

$t=-34+\sqrt{34^2+136}=\sqrt{1292}-34$

$d=5(\sqrt{1292}-34)^2$

$=680(18-\sqrt{323})$

$=18.90\cdots\cdots$

대략 19m라 생각할 수 있다.

우물 속에 돌을 떨어뜨렸을 때부터 그 돌이 우물의 바닥에 맞았을 때의 소리가 들려올 때까지 T초 걸렸다 하면, 우물의 깊이는

$20(\sqrt{17T+289}-17)^2$

$=340(T+34-2\sqrt{17T+289})$

【문제 19】 빈 병 3개로 1병

어떤 청량음료의 광고에 '3개의 빈 병으로 1병 받을 수 있습니다'라는 것이 있었다. 예컨대 5병 샀다고 하면 3개로 1병 받을 수 있고 그 빈병과 남아 있던 빈 병으로 거듭 또 1병을 받을 수 있다. 결국 5병을 사면 7병 마실 수 있는 셈이다.

그러면 '67병을 사면 총 몇 병을 마실 수 있을까?'

【해답】

100병 마실 수 있다.

n병 샀을 때에 마실 수 있는 병수를 f(n)병이라 하자. 그때 남은 빈 병은 1개나 2개이어야 할 것이다. 그런데 각 n에 대해서

$f(n+2)=f(n)+3$ ………①

이 성립함을 증명하자.

n병 샀을 때 f(n)병 마실 수 있고 빈 병이 r개였다고 하자.

r=1일 때 거듭 2병 사면 그 빈 병과 남아 있던 1개의 빈 병으로 또 1병 마실 수 있으므로 3병 여분으로 마실 수 있다(이때의 빈 병은 역시 1개이다). 즉 ①이 성립하고 있다.

r=2일 때 거듭 2병 사면 그 빈 병과 남아 있던 빈 병 중의 1개로 또 1병 마실 수 있으므로 3병 여분으로 마실 수 있다(그때의 빈 병은 역시 2개이다). 즉 ①이 성립한다.

결국은 항상 ①이 성립한다.

①을 사용하면 f(1), f(3), f(5), ……은 초항 f(1)=1이고 공차 3의 등차수열이므로

$f(2m-1)= 3m-2$

마찬가지로 f(2),, f(4), f(6), ……도 초항 f(2)=2이고 공차 3의 등차수열이므로

$f(2m)=3m-1$

그러므로 $f(67)=3\times 34-2=100$

이 문제는 잡지 『수학세미나』에 나왔다.

【문제 20】 합, 차, 곱, 몫

합과 곱이 같고 차와 몫이 같은 2개의 실수는 있을까? 있다면 그것을 구하여라.

여기서 잠깐 주의를 해두자. 합이나 곱이라 해도 오해는 생기지 않지만 차나 몫에 대해서는 조금 주의가 필요하다. a와 b의 차란 a와 b의 큰 쪽에서 작은 쪽을 뺀 나머지(a-b의 절댓값 $|a-b|$)를 말한다. a와 b의 몫이란 $a \div b = \frac{a}{b}$를 말한다.

(b÷a를 생각해도 마찬가지다. 여기서는 실수를 생각하고 있으므로 정수를 정수로 나눴을 때의 정수 몫에 대해서 생각할 필요는 없다)

【해답】

두 실수 $1+\sqrt{2}$, $\frac{2+\sqrt{2}}{2}$가 있다.

두 실수를 x, y라 하면

$x+y=xy$ ……①　　　　$|x-y|=\frac{x}{y}$ ……②

가 성립한다.

(1) $x \geq y$일 때

②로부터 $x-y=\frac{x}{y}$ ……③

①×③으로부터 $x^2-y^2=x^2$

그러므로 y=0이 되어 ②의 분모를 0으로 하므로 부적합하다.

(2) $x<y$일 때

②로부터 $y-x=\frac{x}{y}$ ……④

①×④로부터 $y^2-x^2=x^2$

그러므로 $y=\pm\sqrt{2}x$

이것을 ④에 대입하여

$(\pm\sqrt{2}-1)x=-\frac{1}{\pm\sqrt{2}}$

그러므로 $x=\frac{2\pm\sqrt{2}}{2}$, $y=1\pm\sqrt{2}$

$x<y$이므로

$x=\frac{2+\sqrt{2}}{2}$, $y=1+\sqrt{2}$

【문제 21】 유리수와 무리수

유리수와 무리수의 합 또는 차는 무리수가 된다. 또 0 이외의 유리수와 무리수의 곱이나 몫도 무리수가 된다.

그러면 1 이외의 양의 유리수의 무리수 제곱은 과연 무리수가 될까? 또 무리수의 무리수 제곱에 대해서도 생각하기 바란다.

【해답】

이것들은 어느 것도 유리수가 될 때도 무리수가 될 때도 있다.

밑이 10인 2의 상용로그 log2는 무리수이다. 먼저 이러한 것을 배리법을 사용해서 증명해 두자.

log2가 유리수였다고 하자. 그러면

$$\log 2=\frac{n}{m} \text{(m, n은 양의 정수)}$$

이라 둘 수 있다. 따라서

$$2=10^{\frac{n}{m}} \qquad \therefore\ 2^m=10^n$$

이라 적을 수 있으나 우변은 5의 배수인데 좌변은 5의 배수가 아니므로 불합리하다. 그래서 log2가 무리수라는 것이 성립한 것으로 된다.

그런데 $10^{\log 2}=2$이므로 $10^{\log 2}$는 유리수의 무리수 제곱이 유리수가 되는 실례이다.

$10^{\log 2}=\sqrt{2}$ 이고 $\log\sqrt{2}=\frac{1}{2}\log 2$는 무리수이므로 $10^{\log\sqrt{2}}$는 유리수의 무리수 제곱이 무리수가 되는 실례이다.

또 $\sqrt{10}^{\log 4}=2$는 무리수의 무리수 제곱이 유리수가 되는 실례이다.

$\sqrt{10}^{\log 2}=\sqrt{2}$ 는 무리수의 무리수 제곱이 무리수가 되는 실례이다.

힐베르트는 $2^{\sqrt{2}}$ 등은 무리수일 것이라는 의문(힐베르트의 제7의 문제)을 던졌으나 현재로서는 무리수라는 것이(초월수라는 것까지도) 증명되어 있다. 그러면 $(2^{\sqrt{2}})^{\sqrt{2}}=4$는 무리수의 무리수 제곱이 유리수가 되는 별개의 예로 되어 있다.

【티 코너】 (3)

10. 정박 중인 배의 뱃전에서 줄사닥다리가 물 위에 늘어뜨려져 있다. 줄사닥다리는 10단이고 단과 단 사이는 30㎝이다. 지금 제일 아래 단의 가로막대기가 꼭 수면에 닿을락 말락 하는 부분에 와 있다. 바다는 잔잔해져 매우 조용하지만 밀물이어서 수면은 1시간마다 15㎝ 올라가고 있다. 지금부터 2시간 후에는 수면은 줄사닥다리의 어디까지 와 있을까?
11. 물이 얼 때 그 부피가 11분의 1만큼 증가한다고 한다. 반대로 얼음이 물이 될 때 그 부피는 얼마만큼 감소할까?
12. 우리 집의 생선구이 기구는 생선을 2마리밖에 넣을 수 없다. 게다가 한쪽 면을 굽는 데 5분 걸린다. 생선을 3마리(두 면 모두) 굽는 데 가장 빨리 구우려면 어떻게 하면 될까?
13. 시발역인 A역에서 전차를 타고 교외로 나갔을 때 알아차린 것이지만 5분마다 전차가 마주 지나간다. 어느 쪽으로 가는 전차도 같은 속도라 하면 A역에 1대 도착한 후 1시간 경과하는 동안에 몇 대의 전차가 A역에 도착할까?
14. A역발 B역행과 B역발 A역행의 열차가 동시에 두 역을 출발하였다. 이들 열차가 마주 지나가고 나서부터 각각 1시간 및 4시간 후에 종착역에 도착하였다 하면 열차의 속도비는 얼마일까? 또 출발해서부터 마주 지나갈 때까지의 시간은 얼마일까?

【해답】

10. 수면은 줄사닥다리의 처음 위치와 변화가 없다. 왜냐하면 수면이 올라가면 배도 위로 올라가고 그것에 따라 줄사닥다리도 위로 올라가기 때문이다.

11. 부피 11의 물이 얼면 부피가 11분의 1 증가하여 부피 12의 얼음으로 된다. 그래서 부피 12의 얼음이 녹으면 부피 11의 물이 되므로 부피는 12분의 1만큼 감소한다.

12. 15분에 전부 구울 수 있다. 생선을 A, B, C의 3마리라 하고 먼저 5분 걸려서 A와 B의 한쪽 면을 굽는다. 다음으로 A의 뒤쪽 면과 C의 한쪽 면을 굽는다. 이것으로 10분 걸린다. 마지막으로 B의 뒤쪽 면과 C의 뒤쪽 면을 구우면 15분에 전부 구울 수 있다.

13. 마주 지나가고 나서부터 5분 후에 2대째의 전차와 마주치므로 처음의 전차와 마주친 곳까지 2대째의 전차가 가는 데는 10분 걸린다. 결국 이쪽의 전차가 멈춰 있다고 하면 10분마다 전차가 오는 것이 되므로 1시간에 6대의 전차가 역에 들어온다.

14. 두 열차의 속도를 시속 ukm, vkm라 하고 출발 후 t시간 지나서 마주 지나갔다 하면

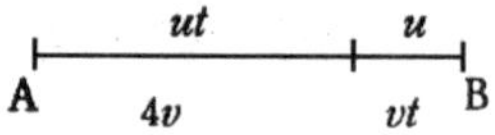

A — ut — u — B
$4v$ — vt

$ut=4v$ ……………①

$vt=u$ ……………②

$\frac{u}{v}=\frac{4v}{u}$ $\therefore$ $\frac{u}{v}=\frac{2}{1}$ 속도의 비는 2:1이다. 또 ①×②로부터 $uvt^2=4uv$ $\therefore$ $t=2$

결국 출발 후 2시간 지나서 마주 지나간 것이 된다.

Ⅳ. 정수의 퍼즐

정수 문제는 풀기 쉬울 것 같으면서 의외로 어려운 것이 많은 것 같다. 풀기 쉬운 것처럼 생각되는 것은 1, 2, 3, ……으로 수를 대입해 보아 체크를 할 수 있기 때문이다. 그러나 이와 같이 해서 얻은 것만이 답인지 아닌지를 조사하려면 어려운 문제가 된다.

매직 코너 (2)

〈없앤 숫자를 맞힌다〉 같은 숫자만 배열되어 있지 않는 한(333이라는 것 같은 수가 아닌 한) 두 자리 이상이라면 몇 자리의 수라도 좋으니까 임의의 수를 생각하기 바란다(ex. 3875). 그 수의 각 자리의 숫자를 전적으로 임의의 순번으로 바꿔 배열하기 바란다(ex. 5378). 처음의 수와 바꿔 배열한 수 가운데 큰 쪽에서 작은 쪽을 빼기 바란다(ex. 5378-3875=1503이 된다). 그 답 가운데 0 이외의 숫자라면 어떤 숫자라도 좋으니까 하나의 숫자를 없애기 바란다(ex. 5를 없앤다고 하자). 남은 숫자의 합을 가르쳐주기만 하면 당신이 없앤 숫자를 알아맞혀 보겠다. (위의 경우 1+0+3=4이므로 '4입니다'라고 말하면 '당신이 없앤 숫자는 5이군요'라고 알아맞힐 수 있다는 것이다)

전적으로 임의의 수를 임의의 순번으로 바꿔 배열하고 게다가 임의의 숫자를 없앴는데 알아맞힌다는 것이므로 불가사의할 것이다. 그러나 이치는 간단하다. 어떠한 수라도 그 수와 그 수의 각 자리의 숫자의 순번을 바꿔 배열해서 만든 수와의 차는 언제나 9의 배수가 된다. 그러면 뒤의 '9거법'의 부분에서 설명해 둔 것처럼 이 9의 배수의 각 자리의 숫자의 합도 9의 배수가 된다. 그래서 가르쳐준 수보다 약간 큰 9의 배수를 찾아내어 그 9의 배수에서 가르쳐준 수를 뺀 나머지가 실은 없앤 수가 된다.

9거법

87×76=6512 등의 계산 결과가 옳은지 어떤지를 간단히 조사하는 방법을 알고 있는지. 먼저 87의 8과 7을 더해서 15를 구하고 거듭 15의 1과 5를 더해서 6을 구한다〔이와 같이 하여 얻은 한 자리의 수 6을 87의 숫자근(數字根)이라 한다〕. 또 한쪽의 76의 숫자근 4도 구한다. (7+6=13, 1+3=4) 이 2개의 숫자근의 곱 6×4=24를 구하고 이 24의 숫자근 6이 처음의 계산 결과 6512의 숫자근 5와 일치하는지 어떤지를 조사한다. 이 경우 일치하지 않으므로 처음의 계산 87×76=6512는 잘못되어 있다.

```
    8 7   ············      7
×   7 6   ············  ×   4
-------                 -----
  6 5 1 2                  24
     ⋮                      ⋮
     5  ←   맞지 않는다   →  6
```

보통의 책에서는 숫자근을 위와 같이 정의하고 있으나 여기서는 나중의 편의상 한 자리의 수가 9가 된 것만은 거듭 0으로 한다.

(가) 9 이외의 한 자리의 자연수의 숫자근은 그 수 자신

(나) 9의 숫자근은 0

(다) 어떤 자연수의 숫자근은 그 자연수의 각 자리의 숫자의 합의 숫자근을 말한다.

예제 21. 'a×b의 숫자근'은 '(a의 숫자근)×(b의 숫자근)의 숫자근'과 같다는 것을 증명하여라.

이것을 증명하기 위해서는 아무래도 (*)a의 숫자근=a를 9로 나눈 나머지라는 것을 증명할 필요가 있다.

6000 =	6 × 999	+	6
500 =	5 × 99	+	5
10 =	1 × 9	+	1
2 =		+	2

예로서 6512를 9로 나눈 나머지가 그 숫자근 5와 같다는 것을 확인하여 보자.

점선으로 둘러싼 부분은 확실히 9로 나누어떨어진다. 그래서 나머지의 6+5+1+2=14를 9로 나눈 나머지가 원래의 수 6512를 9로 나눈 나머지와 같다는 것을 알 수 있다. 14에 대해서도 마찬가지의 것을 한다.

결국 1+4=5를 9로 나눈 나머지 5가 14를, 즉 6512를 9로 나눈 나머지로 되어 있는 셈이다.

10 =	1 × 9	+	1
4 =		+	4

이와 같이 살펴보면, 숫자근을 구하는 방법과 9로 나눈 나머지를 구하는 방법은 완전히 같다는 것을 알 수 있다.

(가′) 9 이외의 한 자리의 자연수를 9로 나눈 나머지는 그 수 자신이다.

(나′) 9를 9로 나눈 나머지는 0이다.

(다′) 어떤 자연수를 9로 나눈 나머지는 그 자연수의 각 자리의 숫자의 합을 9로 나눈 나머지와 같아진다.

(가′)와 (나′)는 확실히 성립하고 있으므로 (다′)를 증명하기만 하면 (*)가 옳다는 것을 알 수 있다. 이것을 말하는 데에 몇 자리의 수라도 좋지만 네 자리의 수 a천 b백 c십 d에 대해서 생각해 보자.

$$1000a+100b+10c+d$$
$$=(999a+99b+9c)+a+b+c+d$$

여기서 괄호로 묶은 부분은 9의 배수이므로 a천 b백 c십 d를 9로 나눈 나머지는 a+b+c+d를 9로 나눈 나머지와 같은 셈이다.

마침내 〈예제 21〉의 증명에 착수한다. a의 숫자근을 r, b의 숫자 근을 s라 하면 (*)로부터

$a=9m+r$, $b=9n+s$

라 적을 수 있다. 그러면

$ab=(9m+r)(9n+s)$

$=9(9mn+ms+nr)+rs$

가 되므로 ab를 9로 나눈 나머지는 rs를 9로 나눈 나머지와 같은 셈이다.

그러므로

ab의 숫자근=rs의 숫자근

=(a의 숫자근)(b의 숫자근)의 숫자근

이것으로 〈예제 21〉의 증명은 끝났다.

a의 숫자근을 앞으로 $\bar{a}$라 적으면 〈예제 21〉의 내용은

$\overline{a \times b} = \overline{\bar{a} \times \bar{b}}$

라 적을 수 있다. 또 (가), (나), (다)의 성질은

(가) $\bar{0}=0$, $\bar{1}=1$,……, $\bar{8}=8$

(나) $\bar{9}=0$

(다) $\overline{a\text{천}\, b\text{백}\, c\text{십}\, d} = \overline{a+b+c+d}$

라 나타낼 수 있다.

숫자근은 0에서 8까지의 9개의 수 중의 어느 것인가이다. 이들 숫자근과 숫자근의 사이에 새로운 연산을 정하여 그 결과도 하나의 숫자근이 되도록(연산이 끝나도록) 하고 싶은 것이다. 예컨대 새로운 연산인 곱셈 ⊗인데, $\bar{a} \otimes \bar{b}$의 값을 $\overline{a \times b}$를 말한다고 정의한

다. 그러면 $\bar{a}\otimes\bar{b}$의 연산표는 다음과 같이 된다.

$\bar{a}$ \ $\bar{b}$	0	1	2	3	4	5	6	7	8
0	0	0	0	0	0	0	0	0	0
1	0	1	2	3	4	5	6	7	8
2	0	2	4	6	8	1	3	5	7
3	0	3	6	0	3	6	0	3	6
4	0	4	8	3	7	2	6	1	5
5	0	5	1	6	2	7	3	8	4
6	0	6	3	0	6	3	0	6	3
7	0	7	5	3	1	8	6	4	2
8	0	8	7	6	5	4	3	2	1

$\bar{a}\otimes\bar{b}$의 연산표

이 곱셈 ⊗는 보통의 곱셈처럼

$\bar{a}\otimes 0=0$, $\bar{a}\otimes 1=\bar{a}$

$\bar{a}\otimes\bar{b}=\bar{b}\otimes\bar{a}$

$\bar{a}\otimes(\bar{b}\otimes\bar{c})=(\bar{a}\otimes\bar{b})\otimes\bar{c}$

등이 성립하고 있다.

그러나 $\bar{a}\otimes\bar{b}=0$이라면 $\bar{a}=0$ 또는 $\bar{b}=0$은 성립하지 않는다. 왜냐하면 $3\otimes 6=0$으로 되는 것 같은 반례가 있기 때문이다.

덧셈이나 뺄셈 등에 대해서도 조사해 보자.

a+b의 숫자근

=(a의 숫자근)+(b의 숫자근)

의 숫자근이 성립하고 있다. 이 내용을 숫자근을 나타내는 기호로

나타내면

$$\overline{a\times b}=\overline{\overline{a}\times\overline{b}}$$

라고 간단히 표현된다. 이것을 증명하려면

$a=9m+\overline{a}$, $b=9n+\overline{b}$

라고 두면

$a+b=(9m+\overline{a})+(9n+\overline{b})$

$=9(m+n)+\overline{a}+\overline{b}$

가 되므로

$\overline{a\times b}$=a+b를 9로 나눈 나머지

=$\overline{a}+\overline{b}$를 9로 나눈 나머지=$\overline{\overline{a}\times\overline{b}}$

로서 증명된다.

따라서 앞에서와 같은 검산법은 곱셈만이 아니고 덧셈에도 사용될 수 있는 셈이다. 이러한 것으로부터 위의 덧셈은 잘못되어 있음을 알 수 있다.

```
  367422  ················  6
+ 198547  ··········      + 7
  555969                   13
    ⋮                       ⋮
    3  ←맞지 않는다→        4
```

뺄셈을 생각하기 위해 음의 수의 숫자근을 정의한다.

a>0일 때 $\overline{a}$=0이라면 $\overline{-a}=0$

a≠0이라면 $\overline{-a}=9-\overline{a}$

라 정의한다. 그러면

$$\overline{a-b}=\overline{\overline{a}-\overline{b}}$$

가 성립한다. 증명은 위의 것과 마

```
  367422  ················  6
- 198547  ··········      - 7
  158875                  - 1
    ⋮                       ⋮
    7  ←맞지 않는다→        8
```

찬가지이므로 검산의 예만을 오른쪽에 보여둔다.

따라서 이 뺄셈도 역시 잘못되어 있다.

숫자근 사이의 덧셈 ⊕ 및 뺄셈 ⊖는 다음과 같이 정의하는 것이 좋을 것이다.

$\bar{a} \oplus \bar{b} = \overline{a+b}$, $\bar{a} \ominus \bar{b} = \overline{a-b}$

이들 연산의 연산표는 쉽게 만들 수 있으므로 여기서는 생략한다.

나눗셈의 검산법은 약간 복잡하다. a를 b로 나눴을 때의 몫이 c이고 나머지가 r이었다고 하자. 그러면

$a=bc+r$

이 되므로

$\bar{a} = \overline{bc-r} = \overline{\bar{b}\bar{c} - \bar{r}}$

이 성립한다. 이 식이 성립하는가 아닌가에 따라서 검산하면 된다. 예컨대 123456을 987로 나눈 몫이 125이고 나머지가 71이 되었다고 하자.

123456의 숫자근은 3이다.

$\overline{987} \times \overline{125} + \overline{71} = 6 \times 8 + 8 = 56$

56의 숫자근은 2이므로 나뉨수의 숫자근 3과 일치하지 않는다. 따라서 이 나눗셈은 잘못되어 있다.

노파심으로 주의해 두는 것인데 위와 같은 9거법에 따른 검산으로 잘못이 없었다 해도 원래의 계산이 옳았다고는 단정할 수 없다. 9거법에 따른 검산으로 잘못이 발견되었을 때에는 원래의 계산은 옳지 않다는 것이 성립하고 있는 것에 불과하다.

【문제 22】 쇼와 연호와 서력 연호

쇼와 35년은 서력으로 말하면 1960년이었다. 이 1960은 35로 나누어떨어진다. 이와 같이 서력 연호가 그 해의 쇼와 연호로 나누어떨어지는 해는 지금(쇼와 51년, 1976년)까지 몇 회 있었을까? 그 뒤로 줄곧 쇼와 연호가 계속된다면, 그 다음은 쇼와 몇 년일까?

【해답】

쇼와 1년, 5년, 7년, 11년, 25년, 35년의 6회이다. 다음은 쇼와 55년이다.

쇼와 x년은 서력 1925+x년이 된다. 서력 연호가 쇼와 연호의 배수라는 것이므로

$$1925+x=nx \ (n\text{은 정수})$$

가 되는 자연수 x를 구하면 된다. 결국

$$1925=(n-1)x$$

가 되고 x는 1925의 약수가 아니면 안 된다.

$$1925=5^2\times7\times11$$

이므로 양의 약수는 전부해서

1, 5, 7, 11, 25, 35, 55, 77, 175, 275, 385, 1925의 12개 있다. 이것으로 위의 해답을 얻을 수 있다.

【문제 23】 디오판토스의 묘비

그리스의 수학자 디오판토스의 묘비에는 다음과 같은 것이 적혀 있다고 한다.

'디오판토스는 생애의 6분의 1을 어린이 시대로서, 12분의 1을 청년 시대로서 지내고 그 후 7분의 1 지나서 결혼했다. 결혼 후 5년 지나서 아이가 태어났으나 그 아이는 아버지의 나이의 절반 때에 먼저 죽었다'

그러면 디오판토스는 몇 살 때 이 세상을 떠난 것일까? 다만 여기서의 연수는 어느 것도 정수로 세는 것으로 한다.

【해답】

84세

디오판토스가 x세에 이 세상을 떠나고 그 아이는 y세에 죽었다 하자.

$$\frac{1}{6}x+\frac{1}{12}x+\frac{1}{7}x+5+y=2y<x$$

이 식을 변형하면

11x=28(y-5) ……①

우변은 28의 배수이므로 좌변도 28의 배수이다. 따라서 x는 28의 배수가 아니면 안된다. 그래서

x=28n이라 하면 y=11n+5

더구나 $\frac{1}{6}x+\frac{14n}{3}$이 정수이므로 n은 3의 배수가 아니면 안 된다. n≥6이라 하면 디오판토스의 나이가 168세 이상이라는 것이 되어 이것은 불가능하다.

따라서 n=3

x=84, y=38

이것은 확실히 조건에 적합하고 있다.

위의 ①처럼 하나의 식 안에 미지수가 2개 이상 포함되어 있음에도 불구하고 미지수가 정수라는 조건이 붙어 있기 때문에 풀이를 얻을 수 있는 방정식, 즉 정수해를 구하는 부정(不定) 방정식을 디오판토스의 방정식이라 한다.

이 문제는 『그리스 명시집(名詩集)』 안에서 인용한 것인데, 디오판토스 방정식이 되도록 고쳐서 바꿨다.

【문제 24】 제곱수

어떤 정수의 제곱으로 나타낼 수 있는 수를 제곱수라 한다. 십의 자리가 홀수인 제곱수의 일의 자리는 얼마일까?

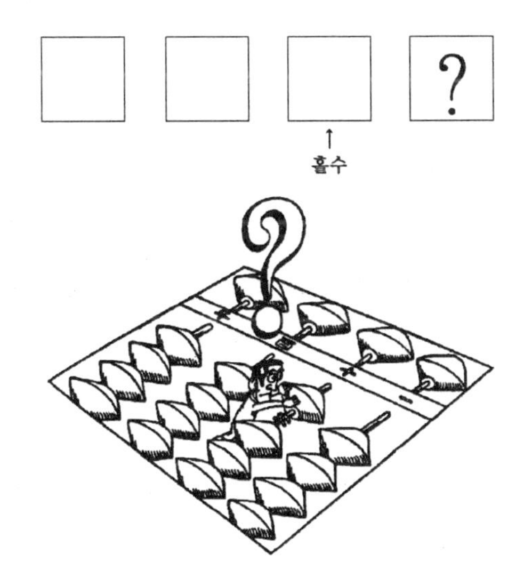

【해답】

6이다

제곱수를 $(10a+b)^2$이라 한다.

$$(10a+b)^2=10(10a^2+2ab)+b^2$$

b는 0에서 9까지의 정수이고 게다가 이 제곱수의 십의 자리 이상은 $10a^2+2ab$와 b^2의 십의 자리의 합이라 생각할 수 있다. 그런데 $10a^2+2ab$는 항상 짝수이므로 십의 자리 이상이 홀수가 되는 것은 b^2의 십의 자리가 홀수라는 것으로 된다.

b	0	1	2	3	4	5	6	7	8	9
b^2	0	1	4	9	16	25	36	49	64	81

b^2의 십의 자리가 홀수가 되는 것은 b가 4와 6일 때뿐이고 게다가 이 어느 경우도 일의 자리는 6이다.

제곱수의 백의 자리에 대해서 다음의 것을 알고 있다.

(1) 제곱수의 마지막 두 자리가 00이라면 백의 자리는 0, 1, 4, 5, 6, 9

(2) 제곱수의 마지막 두 자리가 25라면 백의 자리는 0, 2, 6

(3) 제곱수의 마지막 두 자리가 4n형이라면 백의 자리는 0에서 9까지의 임의의 숫자

(4) 제곱수의 마지막 두 자리가 25 이외의 8n+1형이라면 백의 자리는 짝수

(5) 제곱수의 마지막 두 자리가 8n+5형이라면 백의 자리는 홀수

【문제 25】 복면셈

Blue Backs와 관련하여 아래와 같은 덧셈의 복면(覆面)셈을 만들어 보았다. 이 로마문자에 1에서 9까지의 숫자를 넣어서 올바른 덧셈이 되도록 하기 바란다. 다만 같은 문자는 같은 숫자를, 다른 문자는 다른 숫자를 나타내는 것으로 한다.

【해답】

$$\begin{array}{r} 4287 \\ +\ 49631 \\ \hline 53918 \end{array} \qquad \begin{array}{r} 4687 \\ +\ 49231 \\ \hline 53918 \end{array}$$

답은 이상의 두 가지. 해법의 지침을 적어 둔다.

$E+S=10x+U$, $U+K+x=10y+S$

$L+C+y=10z+A$, $B+A+z=10+K$

$B+1=I$, x, y, z는 모두 0이나 1

제일 위의 두 식으로부터 $E+K=9x+10y$이므로 $x+y=1$ 또 $E+L+I+C=20+9z$

$z=1$일 때 풀이가 없는 것을 알 수 있다. 따라서 $z=0$일 때를 생각한다. 나머지는 끈기 있게 잘 조사하면 답을 얻을 수 있다.

이러한 복면셈에서 옛날부터 유명한 것으로

SEND+MORE=MONEY

가 있다. 이 풀이는 9567+1085=10652의 하나뿐이다.

이러한 복면셈을 풀 때 위와 같은 궁리를 하면서 끈기 있게 푸는 데에 재미가 있는 것인데 최근 우베(宇部) 계산센터의 다나카 마사히코(田中正彥) 씨가 어떠한 덧셈의 복면셈이어도 로마문자 그대로 입력만 하면 컴퓨터가 올바른 결과를 출력하는 프로그램을 완성하였다. 다나카 씨의 프로그램에 힌트를 얻어 고베 대학의 다무라(田村直之) 군이 곱셈의 복면셈의 프로그램을 만들어 주었다〔X장의 '(C) 복면셈' 참조〕.

【문제 26】 각 자리의 곱

어떤 자연수의 각 자리의 숫자의 곱을 구한다. 이것을 1단계라 세기로 한다. 만일 이 곱이 2자리 이상의 수라면 또 그 답의 각 자리의 숫자의 곱을 구한다. 이러한 단계를 몇 번인가 반복하면 언젠가는 한 자리의 수가 된다. 이 한 자리의 수를 원래의 자연수의 곱의 숫자근이라 한다. 예컨대 68은 48, 32, 6이라는 것처럼 3단계로 곱의 숫자근 6을 얻을 수 있다.

그러면 두 자리의 자연수 중 단계수가 가장 많은 것을 구하라.

【해답】

77이다. 이것은 49, 36, 18, 8이라는 것처럼 4단계이다.

결과를 표로 만들어 둔다.

자릿수	단계수가 가장 많은 것			
	단계수	그 개수	대표의 수	곱의 숫자근
2	4	1종	77	8
3	5	2종	679	6
			688	0
4	6	1종	6788	0
5	7	1종	68889	0
6	7	16종	168889	0
			267799	0
			377779	0
			377889	0
7	8	9종	2677889	0
			2799999	0
			6888999	0
			6999999	0
8	9	6종	26888999	0
9	9	30종	126888999	0
10	10	3종	3778888999	0

여섯 자리의 수의 경우를 예를 들어 설명하면 단계수가 7인 것이 최대라는 것을 보여주고 있다. 또 숫자의 순서를 바꿔 넣은 것을 같은 종류(예컨대 168889와 891886은 같은 종류)라 생각했을 때 단계수가 7이 되는 것은 16종류 있다는 것이다. 대표의 수에 대한 설명을 해둔다. 예컨대 168889의 각 자리의 숫자의 곱은

$$1\times6\times8\times8\times8\times9=2^{10}\times3^{3}$$

처럼 소인수분해 되는데, 6자리의 수 중에서 각 자리의 숫자의 곱이 이것과 같아지는 것(344889 등)이 몇 개가 있다. 이러한 여섯 자리의 수 중 가장 작은 것을 대표로 적었다.

【문제 27】 배열한 수의 합

자연수 5개를 어떻게(1열로) 나란히 적는다 해도 이들 5개 중 배열하고 있는 몇 개의(1개에서 5개까지의) 수의 합 중에 5로 나누어떨어지는 것이 반드시 있다는 것이다. 예컨대

441, 53, 623, 1064, 38

을 생각해 보면 한가운데의 3개의 자연수의 합

53+623+1064=1740

은 확실히 5로 나누어떨어진다.

어떻게 5개의 자연수를 나란히 적었다 해도 성립하는 것을 증명하여라.

【해답】

방 배당 논법을 사용해서 증명한다.

5개의 자연수를 어떻게 나란히 적었다 해도 성립하는 것을 조금 더 실례를 들어 조사해 보자.

441, 53, 623, 1061, 38

이라 하여 보면 뒤의 4개의 합이 5의 배수이다.

441, 53, 623, 1063, 38

이라 하여 보면 앞의 4개의 합이 5의 배수이다.

그러면 이러한 것을 일반적으로 증명해 보자.

5개의 자연수를 a_1, a_2, a_3, a_4, a_5라 한다. 이들을 기초로 하여 다음의 6개의 수 $b_0=0$, $b_1=a_1$, $b_2=a_1+a_2$, $b_3=a_1+a_2+a_3$, $b_4=a_1+a_2+a_3+a_4$, $b_5=a_1+a_2+a_3+a_4+a_5$를 생각한다. 이들을 5로 나눈 나머지는 0, 1, 2, 3, 4의 5개 중의 어느 것이므로 방 배당 논법에 따라 b_0, b_1, b_2, b_3, b_4, b_5 중에 5로 나눈 나머지가 같은 것이 있어야 할 것이다. 이 2개가 가령 b_i와 $b_j(i<j)$였다 하자. 그러면 b_i-b_j는 5의 배수가 된다. 이것은 배열한(a_i+1에서 a_j까지의) j-i개의 자연수의 합 $a_{i+1}+\cdots\cdots+a_j$이므로 이것으로 증명이 끝난 것으로 된다.

일반적으로 '임의로 n개의 자연수를 1열로 나란히 적으면 이들 중의 배열한 몇 개의 수의 합 중에 n의 배수가 되는 것이 반드시 있다'는 것이 성립한다.

【문제 28】 나머지의 법칙

1을 7로 나누면 몫은 0.1428571428…이 된다. 그때의 나머지를 자릿수를 정하는 것을 무시하고 차례로 적으면

3, 2, 6, 4, 5, 1, 3, 2, 6, ……

이 된다. 이러한 소수 k자리의 몫을 세웠을 때의 나머지를 자릿수를 정하는 것을 무시하고 R_k라 적는다(정확히는 10^k을 7로 나눈 나머지가 R_k이다). 예컨대

$R_1=3$, $R_2=2$, $R_3=6$, $R_4=4$, ……

가 된다.

그렇게 하면 $R_m \cdot R_n$과 R_{m+n}의 사이에 재미있는 관계가 성립하는데 그것은 어떠한 관계일까?

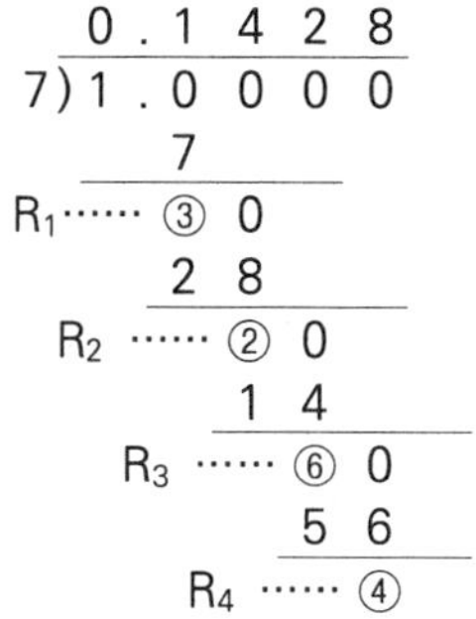

```
          0 . 1 4 2 8
       7) 1 . 0 0 0 0
              7
 R1…… ③ 0
            2 8
   R2 …… ② 0
              1 4
     R3 …… ⑥ 0
                5 6
       R4 …… ④
```

【해답】

$R_m \cdot R_n$을 7로 나눈 나머지는 R_{m+n}이 된다.

7이 아니고 일반화하여 N으로 나눴을 때를 생각하자. 1을 N으로 나눴을 때 소수 제 k자리의 나머지를(자릿수를 정하는 것을 무시하고) R_k라 한다(즉 10^k을 N으로 나웠을 때의 나머지를 R_k라 하고 있는 것에 상당한다).

이때 $R_m \cdot R_n$을 N으로 나눈 나머지는 R_{m+n}임을 증명하자.

R_m은 10^m을 N으로 나눈 나머지이므로

$$10^m = Nx + R_m$$

이라 적을 수 있다. 따라서

$$10^{m+n} = (Nx+R_n)(Ny+R_n)$$

$$= N(Nxy + xR_{n+}yR_m) + R_m \cdot R_n$$

이 되므로 10^{m+n}을 N으로 나눈 나머지 R_{m+n}은 $R_m \cdot R_n$을 N으로 나눈 나머지와 같다는 것을 알 수 있다.

이 문제는 야마구치대학의 도쿠미쓰(德光) 선생으로부터 들은 것이다. 선생은 이 성질을 이용하면 10^k을 N으로 나눈 나머지 R_n이 간단히 구해지는 것에 주목하여 자연수 N이 소수(素數)가 아님을 나타내어 보이는 데 이용하고 있다. 예컨대

$$N = 2 \cdot 3 \cdot 5 \cdot 7 \cdot 11 \cdot 13 \cdot 17 \cdot 19 \cdot 23 \cdot 29 + 1$$

이라 하면, $R_{N-1} = 624572047$이 되는 것으로부터 N은 소수가 아니다. 왜냐하면

$R_{N-1} \neq 1$이라면 N은 소수가 아니다

라는 것이 성립하기 때문이다. 〔페르마의 정리〕

【티 코너 (4)】

15. 나는 쇼와(昭和) 생이다. 쇼와 x^4년에 만 x세의 생일을 맞았다. 나는 쇼와 몇 년생일까?

16. 등 번호 4, 5, 6인 3명의 선수가 있다. 3명을 적당한 순서로 배열하여 9로 나누어떨어지는 세 자리의 수를 만들어라. 어떻게 하면 될까?

17. 다음의 수열은 어떠한 규칙으로 만들어져 있을까?

 1, 2, 4, 6, 10, 12, 16, 18, ……

18. 다음의 □안에 들어맞는 로마 문자를 넣어라.

 (1) O, T, T, F, F, S, S, □, □, T

 (2) S, □, T, W, T, □, S

19. 어떤 물품을 1개 사면 700원, 2개 사면 400원, 3개 사면 100원이라 한다. 도대체 이것은 어떠한 것일까?

【해답】

15. x=1이라 하면 쇼와 1^4년, 즉 쇼와 원년에 만 1세의 생일을 맞이한 것이 되어 그 사람은 다이쇼(大正) 생이다. x=2라 하면 쇼와 16년에 만 2세의 생일을 맞이한 것이므로 그 사람은 쇼와 14년생이다. x≥3이라 하면 쇼와 81년 이후에 생일을 맞이한 것이 되므로 부적합하다. 결국 쇼와 14년만이 답이다.

16. 4, 5, 6을 어떠한 순서로 배열해도 9로는 나누어떨어지지 않는다('9거법'의 해설의 부분에서 적은 것처럼 항상 9로 나누면 6이 남는다). 실은 등 번호 6의 사람에게 물구나무를 서도록 하는 것이다. 그러면 6은 9가 되어 나머지는 4, 5, 9를 어떻게 배열하였다 해도 9로 나누어떨어진다.

17. 이 수열의 각 항에 1을 더해보기 바란다.

    2, 3, 5, 7, 11, 13, 17, 19, ……

    이것을 보고 무언가 알아차리지 못하는지. 그렇다. 소수를 작은 순서로 배열한 것이다. 따라서 원래의 수열은 소수에서 1을 뺀 것을 작은 순서로 배열한 것이다.

18. (1) ONE, TWO, THREE, FOUR의 머리문자를 나란히 적은 것이다. 따라서 2개의 □는 E와 N이다.

    (2) 영어로 적은 요일의 머리문자이다. 따라서 2개의 □는 M과 F이다.

19. 1개에 300원짜리 물품을 1,000원짜리 지폐를 내고 샀을 때의 거스름돈에 대한 것이다.

V. 도형의 퍼즐

'기하' 문제에는 멋진 보조선이 생각나면 후련히 풀리는 것이 있다. 이것이 수학이 재미있는 일면이고 퍼즐의 재미에도 통하는 것일 것이다.

여기서는 해법이 생각나려면 어떻게 하면 좋은가 등에 대해서도 이야기를 진행시켜 보자.

게임 코너 (3)

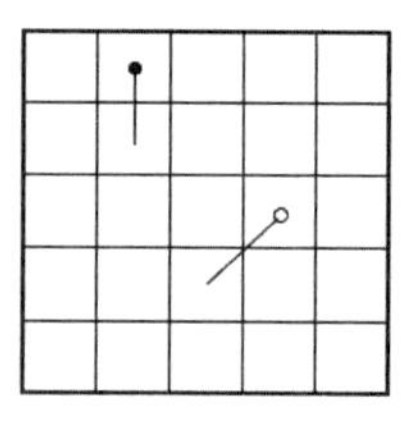

〈스틱 게임(Stick Game)〉 5행 5열의 바둑판무늬의 판을 사용하는 게임이다.

배열된 2개의 눈(가로, 세로 또는 비스듬히 배열된 2개의 눈)에 1개의 성냥개비를 번갈아 놓아 가서 성냥개비를 놓을 수 없게 된 쪽이 패배가 된다. 이미 놓여 있는 눈이나 성냥개비와 교차하도록 성냥개비를 놓는 것은 허용되지 않는다.

일반적으로 m행 n열의 바둑판무늬의 판으로도 게임을 할 수는 있으나 m이나 n의 어느 쪽이 짝수일 때는 선수(先手)가 필승이 된다. 왜냐하면 선수가 먼저 판의 중심에 놓고 나머지는 후수(後手)가 놓은 것과 중심에 관해서 대칭인 곳에 선수가 놓으면 되기 때문이다. 따라서 어려운 것은 m도 n도 모두 홀수일 때이다.

3행 3열, 3행 5열일 때는 후수가 필승이라는 것을 알고 있다. 3행 5열의 예에서 선수가 아래의 왼쪽 그림의 1의 곳에 놓았을 때 후수의 ②가 묘수(의 일례)이다. 그다음에 선수가 어디에 놓았다 해도 후수에 묘수가 있다는 것이다. 〔예컨대 아래의 오른쪽 그림처럼 선수가 3에 놓으면 후수의 ④는 (하나의) 묘수이다〕

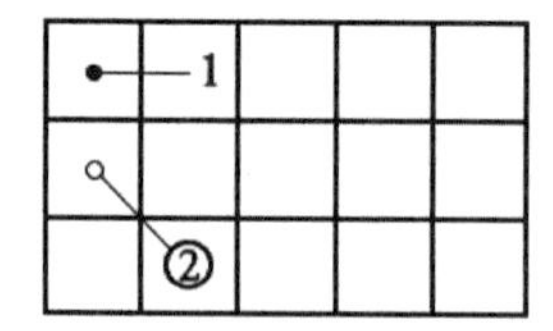

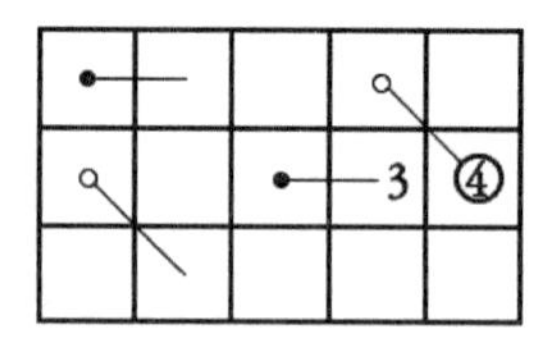

증명의 발견

수학의 문제의 해법이 생각나는데 무언가 멋진 방법은 없는 것일까? 특히 기하학의 증명 문제의 경우 1개의 보조선이 생각나지 않았기 때문에 개미 쳇바퀴 돌듯하여 아무리 해도 증명을 할 수 없었다는 추억이 있는 사람도 많을 것이다. 어떤 임금님으로부터 기하학에 숙달되는데 무언가 좋은 공부 방법이 없는가?'라는 질문을 받았을 때 수학자 유클리드가 기하학에는 왕도(王道)가 없습니다'라고 대답했다는 것으로부터도 짐작할 수 있는 것처럼 멋진 방법은 있을 것 같지 않다. 그러나 조금이라도 실마리를 잡을 계기라도 얻을 수 있다고 생각해서 증명 발견의 방법다운 것을 적어 보자.

예제 22. □ABCD의 변 AD의 3등분점을 P, S라 하고 변 BC의 3등분점을 Q, R라 한다. 그러면 □PQRS의 넓이는 □ABCD의 넓이의 3분의 1이라는 것을 증명하여라.

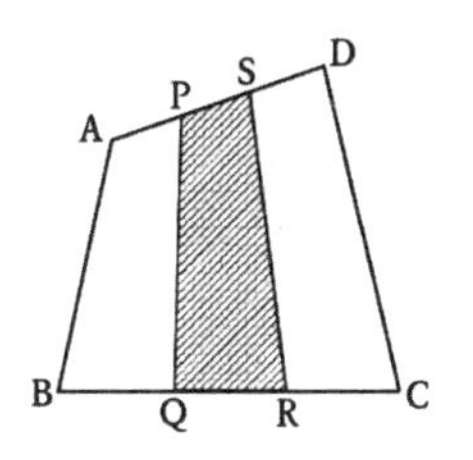

이대로는 증명이 어려우므로 조건을 변경해서 쉽게 바꿔본다. 3등분 대신에 2등분이라 하면 다음 그림의 ○의 부분은 같고 ×의 부분도 같은 것이므로 한가운데의 ○과 ×의 합은 전체의 절반이 된다.

이 사고를 주어진 사각형에 적용해 보면

□PQRS=□AQCS의 절반

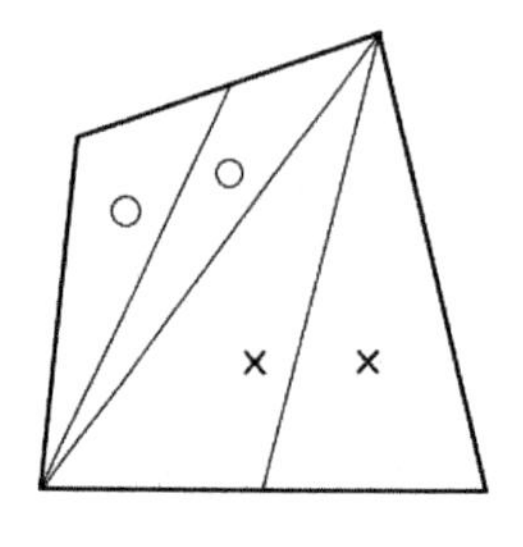

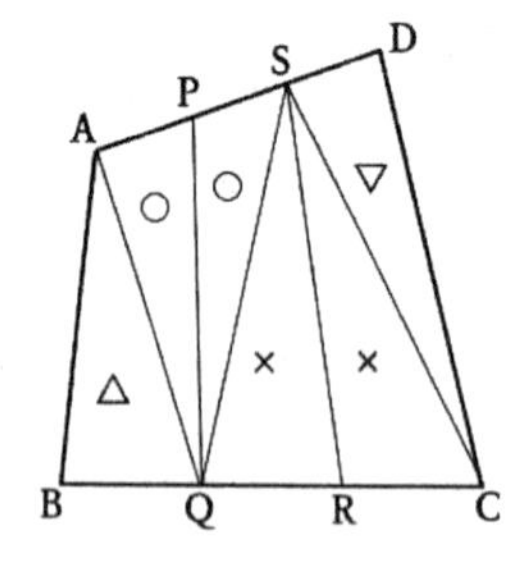

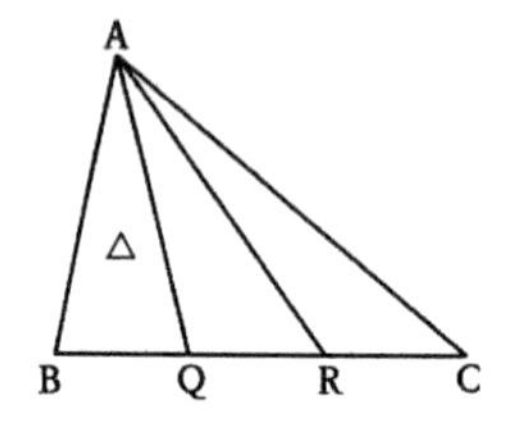

으로 된다. 이 결과와 문제의 결론을 결부시켜 생각해 보면 오른쪽 중간 그림에서 ○과 ×의 합=△과 ▽의 합이 성립하면 된다는 것을 알 수 있다.

문제를 더 쉽게 변경해 보자. 이번에는 3등분 쪽은 그대로 하고 사각형을 삼각형으로 해본다(오른쪽 아래 그림).

△은 △AQC의 절반이 된다. 마찬가지로(오른쪽 중간 그림) ▽은 △ACS의 절반이다. 따라서

△과 ▽의 합=□AQCS의 절반

=○과 ×의 합

이라는 것을 알 수 있다. 이것으로 증명은 끝났다.

예제 23. 사각형의 각 변을 3등분하고 서로 마주 보는 변의 대응 등분점(等分点)을 연결하여 사각형을 그림처럼 9개의 부분으로 분할한다. 그러면 한가운데의 부분의 넓이는 전체의 사각형의 넓이의 9분의 1이 되는 것을 증명하여라.

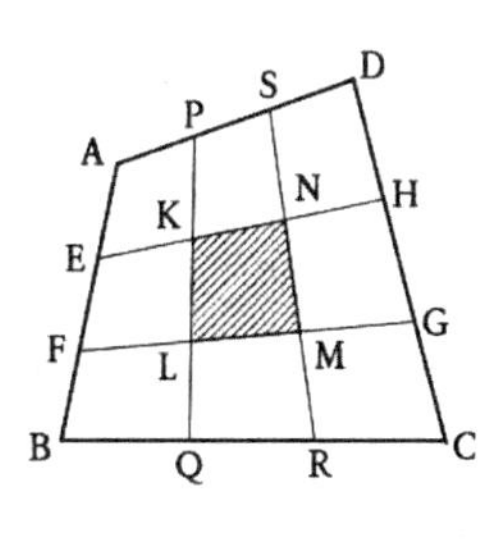

여기서 증명하려고 하는 결론과 앞에서의 〈예제 22〉의 결과를 결부시켜서 생각해 보면 한가운데의 부분 사각형 KLMN의 넓이는 □PQRS의 3분의 1이 되어야 할 것이다.

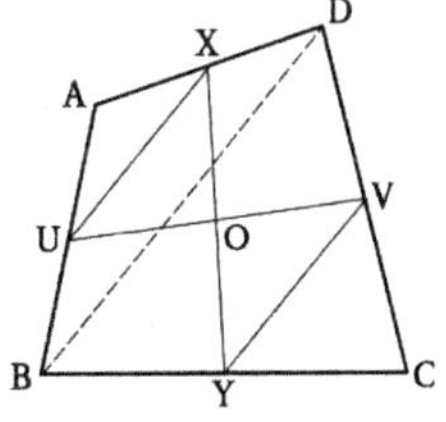

이러한 것을 말하려면 PQ나 RS의 3등분점이 각각 K, L이나 M, N이라는 것을 알면 될 것이다. 과연 그렇게 잘 되는 것일까?

3등분으로는 어려우므로 2등분한 것에 대해서 생각해 보면

BD=2UX=2YV

BD//UX, BD//YV

가 성립하므로 O은 XY나 UV의 중점(中點)이 된다.

〈예제 23〉의 그림에서 마찬가지의 것을 생각해 보면

BD=3EP, 2BD=3QH ∴ 2EP=QH

BD//EP, BD//QH ∴ EP//QH

따라서 2PK=KQ이고 마찬가지로 하여 L도 PQ의 3등분점의 하나라는 것을 알 수 있다. 또 M이나 N도 RS의 3등분점으로 되어 있음을 증명할 수 있다.

이것으로 증명하려는 것이 전부 증명되었다.

여기서 채택한 것은 '보다 간단한 문제로 바꿔 보아서 그 해법을 생각하여 그 간단한 문제의 해법의 흉내를 내보아라'라는 방침이 성공적으로 유도된 예이다.

'아주 비슷한 문제를 생각해 내어 그 해법을 흉내내보아라'라는 것처럼으로도 말할 수 있을 것이다.

위의 2개의 예에서는 '결론으로부터 역으로 생각해서 증명하려는 것을 찾아내라'라는 방침도 적용되어 있다.

수학에 강해지려면 단순히 문제가 풀렸다는 것만으로 기뻐해서는 안 된다. 앞으로의 일도 생각하면 '멋지게 풀린 원인은 어디에 있는가', '그밖에 해법은 없을까' 등을 반성하여 두는 것도 중요하다. 거듭 '이 문제를 더 일반화할 수는 없을까'라고 생각할 정도가 되었으면 하는 것이다.

위의 예에서는 각 변을 4등분하면 어떨까? 5등분, 6등분은 어떨지 생각해 보자. 일반화한 형태로 〈예제 22〉를 언급해 보면 다음과 같이 될 것이다.

예제 24. □ABCD의 변 DA및 CD를 각각 ℓ:n:m으로 나누는 점을 S, P 및 R, Q라 한다.
〈예제 22〉의 그림을 참조하면

$$\square PQRS=\frac{m}{\ell+m+n}\times\square ABCD$$

대부분 〈예제 22〉와 마찬가지로 증명할 수 있다.

예제 25. □ABCD의 변 AD및 BC를 각각 m:n:m으로 나누는 점을 P, S 및 Q, R라 하고 또 AB 및 DC를 각각 k:ℓ:k로 나누는 점을 E, F및 H, G라 한다. 그 한가운데의 부분인 □KLMN의 넓이는

$$\frac{\ell n}{(2k+\ell)(2m+n)} \times \square ABCD$$

이러한 것을 말하려면 〈예제 23〉과 마찬가지로

PK:KL:LQ=SN:NM:MR=k:ℓ:k

EK:KN:NH=FL:LM:MG=m:n:m

이라는 것이 성립할 수 있으면 될 것이다. 왜냐하면 만일 이러한 것이 성립할 수 있었다 하면 〈예제 24〉를 두 번 사용해서

$$\square KLMN = \frac{\ell}{2k+\ell} \times \square PQRS$$

$$= \frac{\ell}{2k+\ell} \times \frac{n}{2m+n} \times \square ABCD$$

가 되기 때문이다. 그러나 이러한 것을 〈예제 23〉처럼 증명하려 해도 좀처럼 잘 되지 않는다. 그 때문에 이번에는 '보다 일반화한 형태로 문제를 고쳐 파악하여 그것에 대하여 증명을 생각해 보는 것'으로 하기로 한다.

예제 26. □ABCD에 있어서 AD 및 BC를 각각 p:q로 내분하는 점을 X 및 Y라 하고 AB 및 DC를 각각 r:s로 내분하는 점을 U 및 V라 한다. XY와 UV의 교점 O는 UV 및 XY를 각각 p:q 및 r:s로 내분하고 있다(다음 그림 참조).

이러한 것을 증명할 수 있으면 〈예제 25〉의 증명은 완결된다. 그런데 이 증명은 제법 어려운 것 같으므로 사각형 대신에 A와 D가 일치하였다고 생각되는 △XBC에 대해서 생각해 본다. XB 및 XC를 r:s로 내분하는 점을 각각 P 및 Q라 하고 PQ와 XY의 교점을 O′라 하면 O′는 PQ 및 XY를 각각 p:q 및 r:s로 내분하고 있으므로

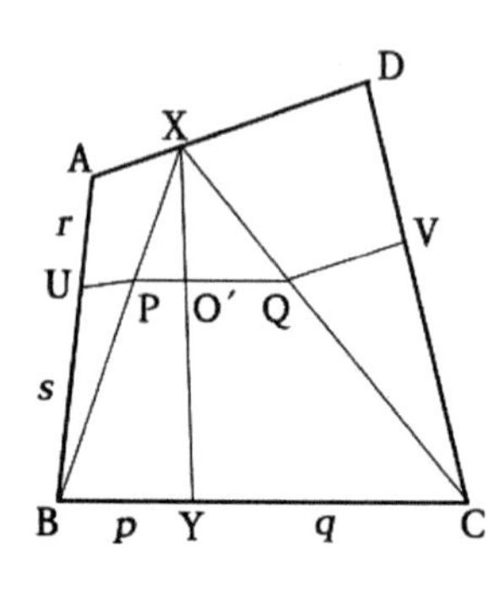

△UPO′∽△VQO′

∴ ∠UO′P=VO′Q

따라서 U, O′, V는 일직선상에 늘어서 있으므로 O와 O′는 일치하고 있다. 그래서

XO:OY=r:s, UO:OV=p:q

이것으로 증명은 끝이다.

【문제 29】 나무를 심는다

1변이 6m의 정사각형의 토지에 삼나무를 심으려고 하는데 삼나무가 잘 자라기 위해서는 나무와 나무 사이를 3m 이상 떼어 놓지 않으면 안 된다고 한다. 그러면 아래의 그림처럼 9그루를 심을 수는 있다. 그렇다면 10그루를 심을 수 있을까?

여러분이 생각해 보기 바란다. 3m 이상이라고 할 때 3m는 포함된다는 점을 염두에 두기 바란다.

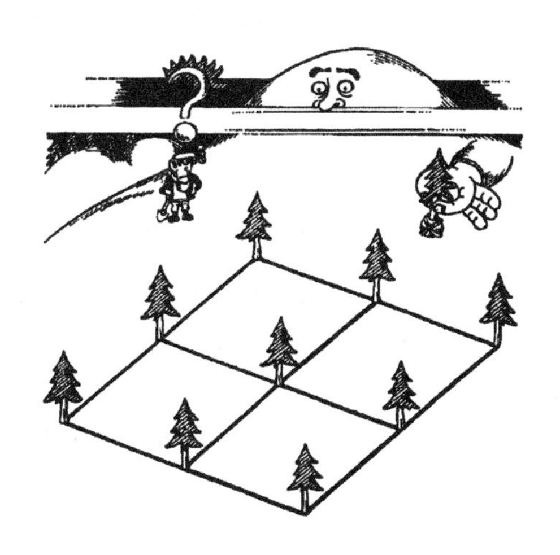

【해답】

10그루를 심을 수는 없다.

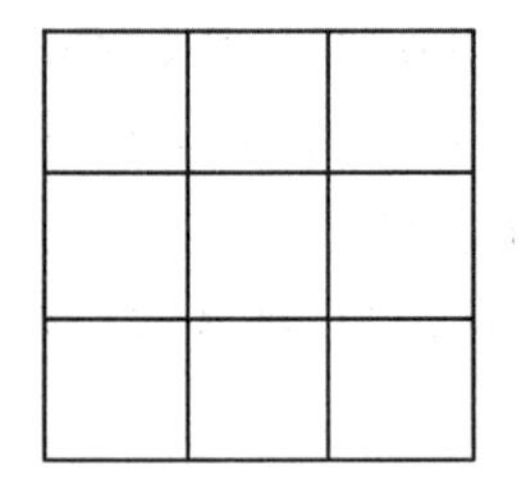

각 변을 3등분하여 9개의 작은 정사각형으로 나누기로 한다. 만일 10그루 이상 심어져 있었다고 하면 2그루 이상 심어져 있는 작은 정사각형이 있어야 할 것이다(9개의 작은 정사각형에 10그루 이상의 나무를 배분하는 것이므로 방 배당 논법에 따라 2그루 이상 심어져 있는 작은 정사각형이 있음을 알 수 있다). 그런데 작은 정사각형 속의 2점간의 거리의 최댓값은 대각선의 길이

$2\sqrt{2}=2.8\cdots\cdots$m

이므로 나무의 간격은 3m보다 짧아져 불합리하다. 따라서 10그루 이상의 나무를 심을 수는 없다. 〔배리법〕

변 $3n$m의 정사각형의 토지에 나무를 심을 때는 나무와 나무의 간격을 3m 이상 뗀다고 하여 $(n+1)^2$ 그루를 심을 수는 있다. 그러나 $(n+1)^2+1$그루 이상은 심을 수 없다고 할 수 있을까. $n\geq3$일 때 위와 마찬가지 방법으로는 그렇게 될 것 같지 않다($n=7$일 때 등 1변의 길이 3m의 정삼각형의 꼭짓점에 나무를 심으면 68그루를 심을 수도 있다).

【문제 30】 2색 지도

평면상에 몇 개의 직선이 그어져 있다. 그 선들에 의해서 평면은 몇 개의 부분으로 나누어져 있는데 서로 인접한 2개의 부분에는 다른 색을 칠하기로 하면 이 평면(지도)은 2색으로 나누어 칠할 수 있음을 증명하여라. 물론 1점만을 공유하고 있는 부분(나라)은 서로 인접하고 있다고는 말할 수 없으므로 같은 색을 칠해도 지장없다.

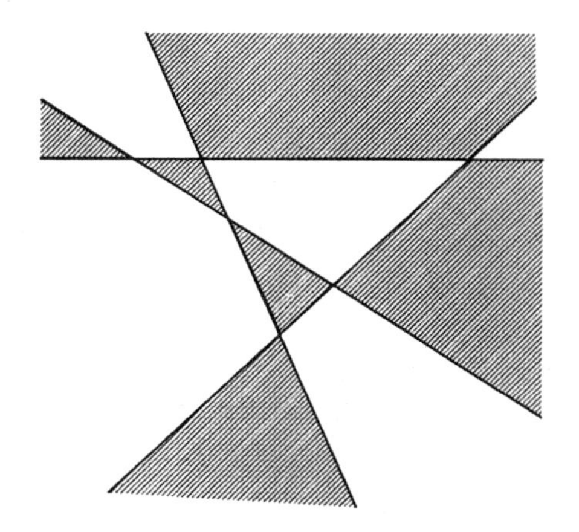

【해답】

직선의 수 n에 대한 수학적 귀납법을 사용해서 증명한다.

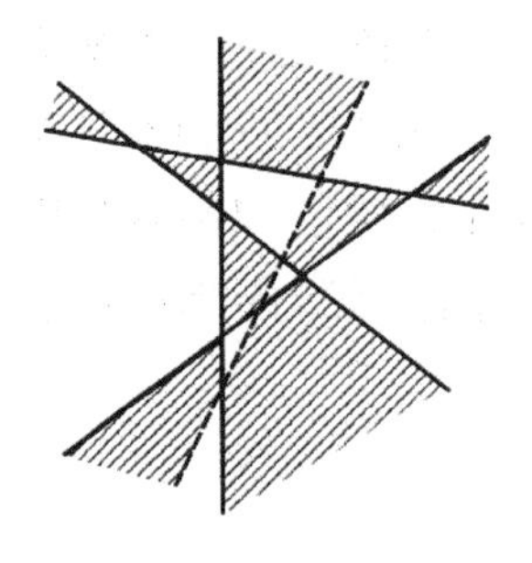

n=1일 때 평면은 2분되므로 확실히 2색으로 칠할 수 있다.

n=k일 때 2색으로 나누어 칠할 수 있는 것으로 한다.

n=k+1일 때를 생각한다. 그 중의 1개(왼쪽 그림의 점선)를 제외하면 직선은 k개가 되고 귀납법의 가정에 따라(앞 페이지의 그림처럼) 멋지게 2색으로 나누어 칠할 수 있다. 그런데 점선의 한쪽(왼쪽)은 그대로 하고 점선의 반대쪽(오른쪽)은 두 가지 색깔을 바꿔 넣는다. 그러면 전체를 멋지게 2색으로 나누어 칠할 수 있다.

이 문제는 2색 문제지만 유명한 문제에 4색 문제라 일컬어지는 것이 있다.

'인접한 2개의 나라는 다른 색으로 칠하지만 떨어진 2개의 나라, 또는 점만으로 접하고 있는 2개의 나라라면 같은 색으로 칠하여도 괜찮은 것으로 한다. 이러한 나누어 칠하는 방법이라면 모든 지도는 4색만으로 나누어 칠할 수 있다'

이 4색 문제는 오랫동안(100년간이나) 미해결이었지만 미국의 2명의 수학자가 컴퓨터를 사용해서 이것이 옳다는 것을 증명하였다 한다.

【문제 31】 3개의 정사각형

합동인 3개의 정사각형을 그림처럼 나란히 그린다. 그림에 적어 넣은 x, y, z는 각각의 각의 크기의 누적이다. x, y, z의 관계를 구하여라.

【해답】

x+y=z

HE에 대한 A의 대칭점을 A′라 한다.

$\triangle BDE \equiv \triangle A'AB$

$\angle A'BE = 180° - \angle EBD - \angle A'BA$

$= 180° - \angle BA'A - \angle A'BA$

$= \angle A'AB = 90°$

그러므로 $\triangle A'BE$는 직각 이등변 삼각형.

$\therefore\ 45° = \angle BEA' = \angle A'EH + \angle HEB$

$= x + y$

한편 $z = 45°$ $\therefore x + y = z$

(별해) $BC:CE = 1:\sqrt{2}$

$= \sqrt{2}:2 = EC:CA$

$\therefore\ \triangle BCE \backsim \triangle ECA$

$\angle BEC = \angle EAC = x$

$\therefore\ x + y = \angle BEC + \angle EBC = \angle ECD = z$

이 문제는 나기핀『數學 玉手箱』안에 나와 있다.

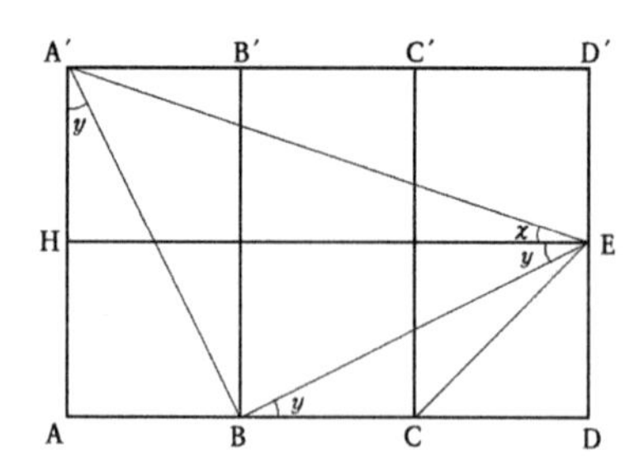

【문제 32】 $2\angle A = \angle B$

$2\angle A=\angle B$가 되는 $\triangle ABC$가 있다. $BC=a$, $CA=b$, $AB=c$일 때

$$\frac{a}{1},\ \frac{b}{2},\ \frac{c}{3}$$

의 크고 작음을 결정하여라.

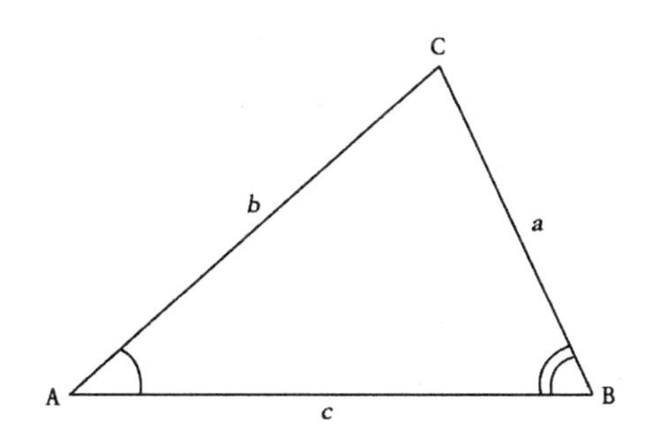

【해답】

$\frac{a}{1} > \frac{b}{2} > \frac{c}{3}$

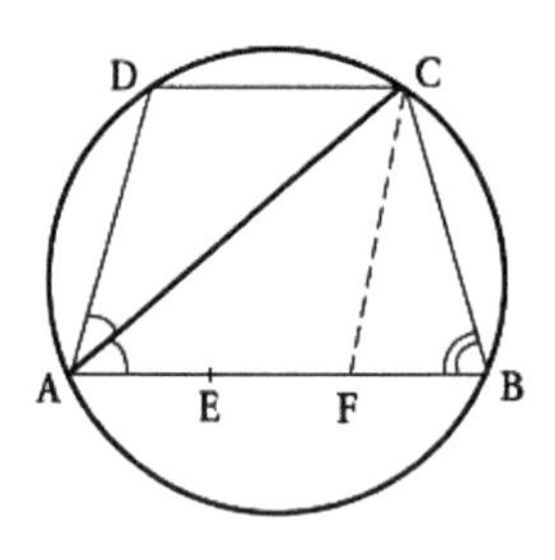

C를 지나고 AB와 평행인 직선을 긋고 △ABC의 외접원과의 교점을 D라 하면

∠BAD=∠B=2∠A이므로

∠CAD=∠A가 된다. 따라서

CD=BC=a, AD=BC=a

△CAD에 있어서 AC<CD+DA이므로 b<a ……①

또 □ABCD에서 AB<BC+CD+AD이므로

c<3a ……②

다음으로 AB의 3등분점을 E, F라 하면 ②로부터 EF<DC이므로 □EFCD는 등변사다리꼴이고 ∠EFC>90°

따라서 △AFC에서 AF<AC로부터

$\frac{2}{3}c < b$ ……③

①과 ③으로부터

$\frac{a}{1} > \frac{b}{2} > \frac{c}{3}$

이것을 일반화하여 보면 0<m<n일 때

$\frac{\angle A}{m} = \frac{\angle B}{n}$이라면 $\frac{a}{m} > \frac{b}{n} > \frac{c}{m+n}$

가 성립한다.

【문제 33】 각의 크기

아래의 그림과 같은 □ABCD가 있고

$\angle ABC = \angle BCD = 80°$

$\angle DBC = 60°$, $\angle BCA = 50°$

라는 것을 알고 있다. 이때 $\angle ADC$는 몇 도가 될까?

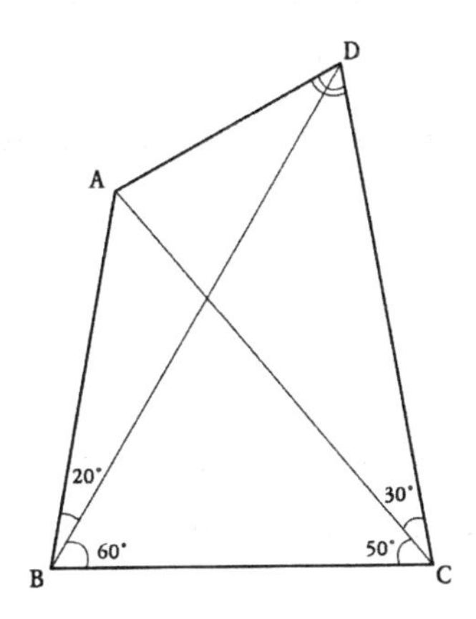

【해답】

$\angle ADC=70^\circ$

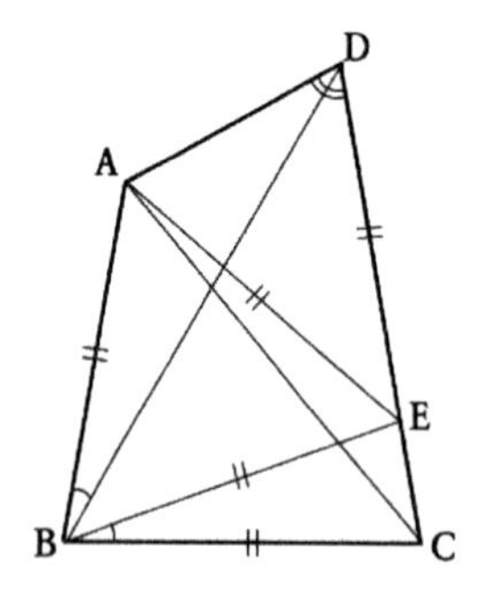

DC 상에 $\angle CBE=20^\circ$가 되도록 점 E를 잡는다(이러한 점 E를 잡는 것은 좀처럼 알아차리기 힘든 것 같다).

$\angle BEC=\angle BCE=80^\circ$이므로

BC=BE가 된다. 한편

$\angle BAC=\angle BCA=50^\circ$이므로

BC=AB

게다가 $\angle ABE=60^\circ$가 되므로 $\triangle ABE$는 정삼각형이다. 그러므로

AE=BE

또 $\angle EBD=\angle EDB=40^\circ$이므로

BE=DE

결국 $\triangle EDA$는 이등변 삼각형이 되고 더구나

$\angle AED=180^\circ-\angle AEB-\angle BEC=40^\circ$이므로

$\angle ADC=70^\circ$

이 문제는 유명해서 잡지 『수학 세미나』에도 여러 번 나왔다.

【문제 34】 수학올림픽의 문제

아래의 그림과 같은 예각삼각형 ABC와 정삼각형 PQR을 생각한다. △ABC 안에

$\angle BDC=\angle CDA=\angle ADB=120°$

가 되는 점 D를 잡는다(△ABC가 예각삼각형이므로 확실히 D는 잡을 수 있다).

다음으로 정삼각형 PQR 안에

OP=BC, OQ=CA, OR=AB

가 되는 점 O를 잡을 수 있는 것으로 한다. 이때 이 정삼각형의 1변의 길이 x와 DA=u, DB=v, DC=w의 관계를 구하라.

미국 수학올림픽에 출제된 문제이다.

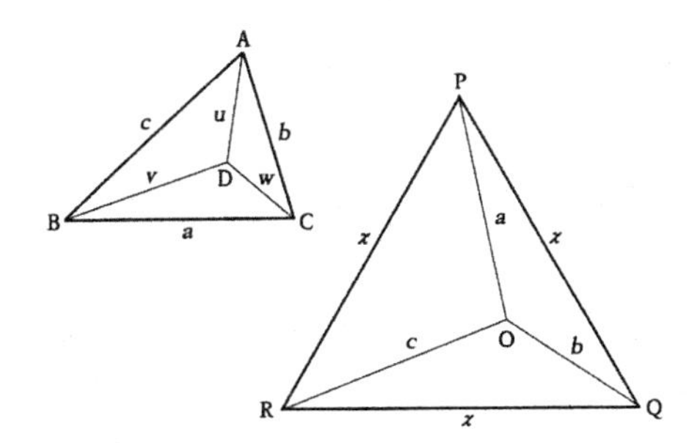

【해답】

$x=u+v+w$

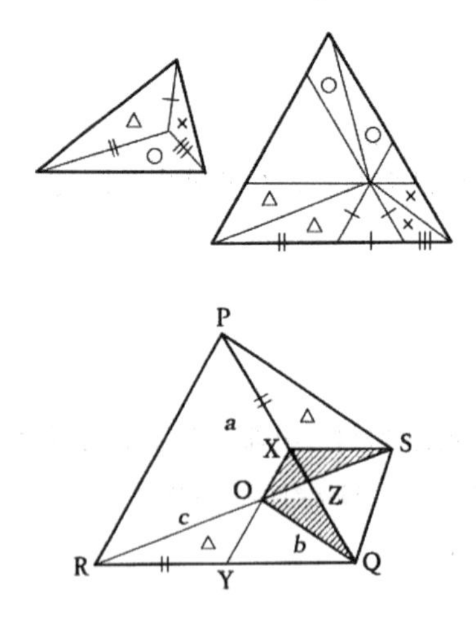

증명의 개요는 왼쪽 그림을 보면 알 것이지만 조금 더 상세한 증명을 해둔다. △OQR을 Q를 중심으로 하여 60° 회전시켜 △SQP라 한다. 다음으로 O를 지나고 PR에 평행인 직선을 긋고 QP 및 QR과의 교점을 각각 X 및 Y라 한다. 또 O를 지나고 RQ에 평행인 직선을 긋고 PQ와의 교점을 Z라 한다.

△OQR≡△SQP, ∠OQS=60°이므로 △OQS는 정삼각형이고 또 RY=PX로부터 △ORY≡△SPX이다. 그러므로 △SPO는 처음의 예각삼각형 ABC와 합동이다. 게다가 X는 △ABC 안의 점 D에 대응하고 있다. 왜냐하면 ∠PXO=120°이고 ∠SXP=∠OYR=120°이므로 ∠SXO=120°로도 되어 있기 때문이다. 따라서 XS=u, XP=v, XO=w

그런데 한편 △OXZ는 정삼각형이고 △OSX≡△OQZ가 성립하므로

$$x=PQ=PX+XZ+ZQ=x+w+u$$

【문제 35】 삼각형의 넓이

△ABC의 각 변 BC, CA, AB의 1:2 내분점을 각각 L, M, N이라 한다. BM과 CN, CN과 AL, AL과 BM의 교점을 각각 P, Q, R이라 하면 △PQR의 넓이는 △ABC의 넓이의 몇 분의 1일까?

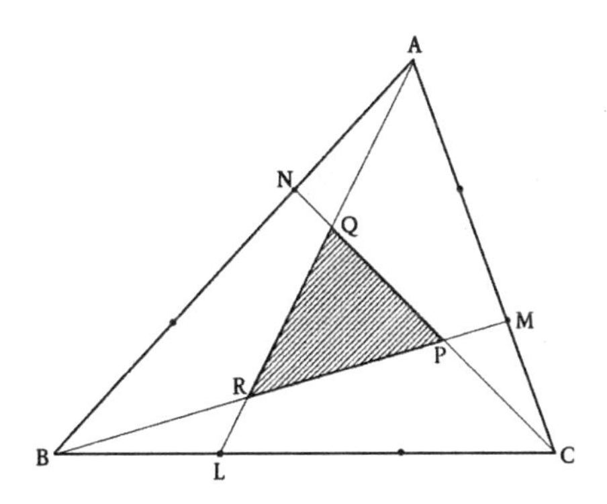

【해답】

7분의 1이다.

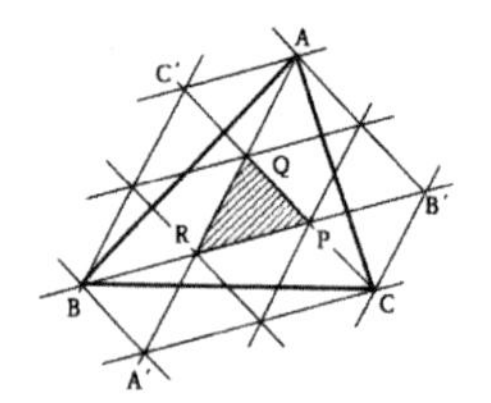

A, B, C나 P, Q, R의 각 꼭짓점을 지나고 각 변 QR, RP, PQ에 평행인 직선을 왼쪽 그림처럼 긋는다.

$\triangle$PQR=$\frac{1}{2}$▱A′BPC=2

마찬가지로 하여

$\triangle$CAQ=$\triangle$ABR=2

$\triangle$ABC=$\triangle$BCP+$\triangle$CAQ+$\triangle$ABR+$\triangle$PQR=7

이 되므로

$\triangle$PQR=$\frac{1}{7}$$\triangle$ABC

---

m<n일 때각 변의 m:n 내분점 L, M, N을 잡아서 위와 마찬가지의 것을 한다.

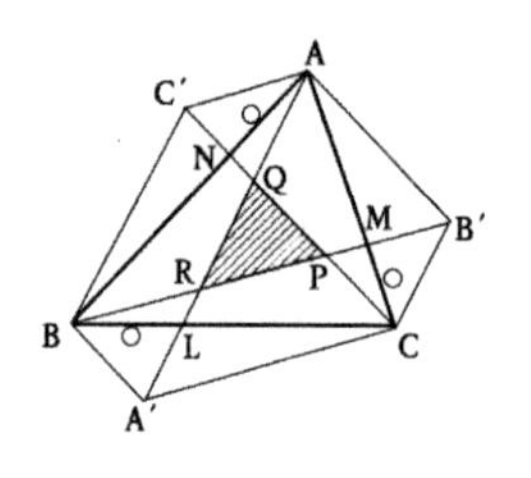

○표의 넓이를 m^2이라 하면

$\triangle$QA′C=n^2

$\triangle$PQR=$(n-m)^2$

$\triangle$BCP=mn

등이 성립하므로

$\triangle$PQR=$\frac{(n-m)^3}{n^3-m^3}$$\triangle$ABC가 된다.

이 해법은 스테인하우스『수학 스냅·쇼트』안의 해법에 힌트를 얻어 생각한 것이다.

【티 코너】(5)

20. 임의의 사각형과 합동인 도형만을 사용해서 평면을 빈틈없이 메울 수 있을까? 凸 사각형뿐 아니고 凹 사각형에 대해서도 생각해 보아라.

21. 직사각형의 액자의 내측(의 직사각형)과 외측(의 직사각형)과는 닮은꼴의 관계에 있을까? 액자의 폭은 어디나 일정하다.

22. 정사각형의 4분의 1을 제거한 L자형의 종이가 있다. 가위로 잘라서 이 L자형의 종이를 합동인 4개의 부분으로 나누려고 한다. 가위를 두 번만 사용해서 4등분하여라. 또 가위를 한 번 사용하는 것만으로 역시 4등분하여라.

23. "악한이 소녀를 유괴하여 비행기를 타고 도망갔습니다."라고 말하면서 직사각형의 종이를 접어서 비행기를 만든다(아래 그림). "그런데 그 비행기는 추락해서 두 개로 쪼개졌습니다." 이렇게 말하면서 ─ · ─ · ─선을 따라 종이비행기를 가위로 자른다. "그러면 죽어버린 소녀나 악한은 각각 어디로 간 것일까요?"(이 퍼즐은 잡지 『수학 세미나』에 나온 것이다)

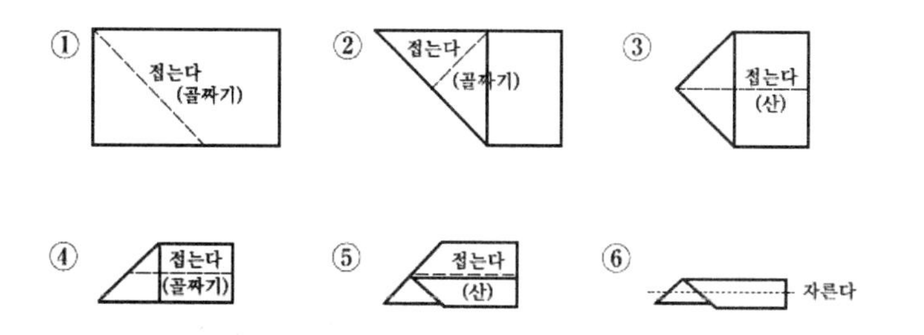

【해답】

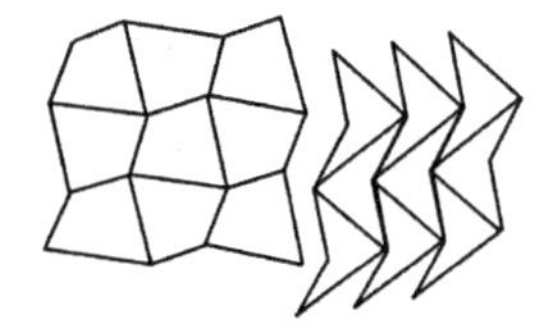

20. 왼쪽 그림처럼 각 변의 중점을 중심으로 하여 180° 회전시킨 그림을 그리면 된다.

21. 일반적으로는 닮은꼴의 관계에 있지 않다. 변의 길이의 비가 바뀌기 때문이다.

22.

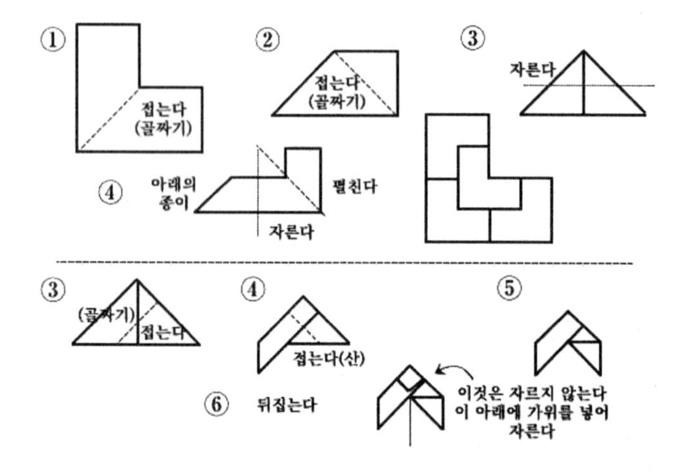

23. 소녀는 천국으로, 악한은 지옥(HELL)으로 간다. 자르면 종이가 뿔뿔이 흩어져 9매가 된다. 이것을 다시 배열해서 십자가와 HELL을 만든다.

Ⅵ. 조합의 퍼즐

'경우의 수'를 빠짐없이, 게다가 중복이 없도록 다 세어내면 올바른 결과를 얻을 수 있다.
이 경우 그냥 무턱대고 세어내는 것이 아니고 여러 가지 사례로 분류하여 각 사례마다 질서 바르게 세어야 한다. 순열이나 조합을 알고 있는 사람은 ${}_mP_n$이나 ${}_mC_r$의 공식을 이용하면 빨리 구할 수 있는 문제도 많을 것이다.

매직 코너 (3)

〈카드를 맞히다〉 트럼프의 카드 27매 중 어느 것이든 1매를 상대방이 기억하도록 시킨다.

(1) 상대방에게 카드를 잘 치게 하고 다음의 (*)와 같은 방법으로 9매씩의 무더기를 3개 만들게 한다.

(*) 카드를 위로부터 차례대로 1, 2, 3, ……이라 세면서

1, 4, 7, 10, ……은 제1의 무더기
2, 5, 8, 11, ……은 제2의 무더기
3, 6, 9, 12, ……은 제3의 무더기

라는 것처럼 카드는 덮어 놓은 채로 위에 카드를 포개어가도록 시킨다. 상대방이 기억하고 있는 카드는 어느 무더기에 있는지만을 가르쳐주도록 요청한다. 다음으로 9매씩 합쳐 있는 3개의 무더기를 포개도록 시킨다. 〔문제의 카드를 포함한 무더기가 위라면 수 1을, 한가운데라면 수 2를, 아래라면 수 3을 기억해 둔다〕

(2) 위의 (*)의 방법으로 다시 9매씩의 3개의 무더기를 만들게 하고 상대방이 기억하고 있는 카드가 어느 무더기에 있는지만을 알리게 한다. 또 그 3개의 무더기를 포개도록 시킨다. 〔문제의 카드가 들어가 있는 무더기가 위라면 수 0을, 한가운데라면 수 3을, 아래라면 수 6을 대응시켜 앞에서의 (1)에서 기억한 수와의 합 N을 기억해 둔다〕

(3) 다시 한 번 (*)의 방법으로 9매씩의 3개의 무더기를 만들게 하고 상대방이 기억하고 있는 카드는 어느 무더기에 있는지만을 알리게 한다.

바둑판무늬의 코스

1, 2, 3, 4 중에서 상이한 3개의 숫자를 골라내어 세 자리의 정수를 만들 때 몇 가지의 정수를 만들 수 있을까?

답을 무턱대고 나란히 적는 것이 아니고 질서 바르게 생각한다. 그를 위한 하나의 방책으로서 사전적(辭典的) 순서로 배열하는 것이다(수일 때는 작은 순서로 배열하는 것이다). 백의 자리가 1인 것으로부터 적어 보면 123, 124, 132, 134, 142, 143의 6개이다. 백의 자리가 2인 것도 3인 것도 또 4인 것도 각각 6개씩 있다. 따라서 4×6=24가지 있다.

이것을 보아서 바로 알기 쉬운 형태인 수형도(樹形圖)로 그려보면 좋을 것이다.

즉 백의 자리는 1, 2, 3, 4의 네 가지로 생각할 수 있다. 그 각각의 경우에 대해서 십의 자리의 숫자는 백의 자리에 사용한 숫자를 제외하고 어느 것이든 좋으므로 세 가지가 있다. 따라서 백의 자리와 십의 자리의 결정 방법은 4×3=12가지 있다. 그들 12가지의 각각의 경우에 대해서 일의 자리의 숫자는 백의 자리와 십의 자리에 사용한 나머지의 어느 것이든 좋으므로 2가지의 방법이 있다.

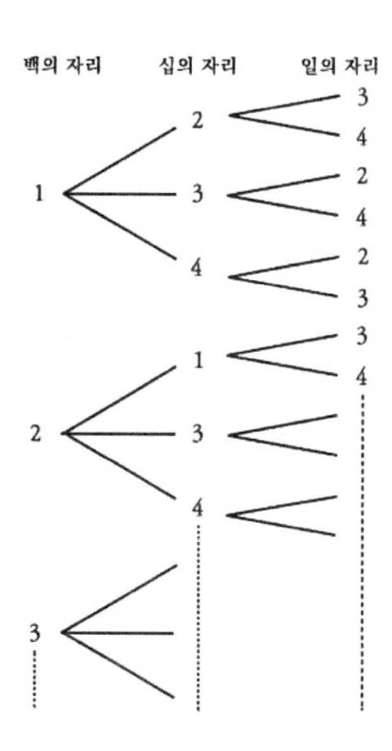

따라서 세 자리의 정수를 만드는 방법은

4×3×2=24가지 있다.

일반적으로 n개의 상이한 것으로부터 r개의 것을 끄집어내어 1열로 배열한 것을 n개의 것으로부터 r개를 끄집

어낸 순열이라 한다. 이들 순열의 총수를 ${}_nP_r$로 나타내면

$$n \quad n-1 \cdots\cdots\cdots\cdots\cdots\cdots \ n-r+1$$

$${}_nP_n = n \times (n-1) \times \cdots\cdots\cdots \times (n-r+1)$$

이 된다. 위의 예에서는 4개의 상이한 것으로부터 3개의 것을 끄집어 내는 순열의 총수를 구하는 것이므로

$${}_4P_3 = 4 \times 3 \times 2 = 24$$

특히 r=n일 때를 생각하면

$${}_nP_n = n(n-1)\cdots\cdots\cdots 2\cdot 1$$

이다. 이와 같이 1에서 n까지의 n개의 자연수의 곱을 n의 계승(階乘)이라 하고 기호 n!로 나타낸다. 그러면

$${}_nP_n = n!, \quad {}_nP_r = \frac{n!}{(n-r)!}$$

이라 간단히 적을 수 있다. 그런데 오른쪽의 공식에서 n=r이라 했을 때 왼쪽의 공식과 결과가 맞기 위해서는 0!=1이라 해둘 필요가 있다.

다음으로 n개의 상이한 것으로부터 r개의 것을 끄집어낸 집합을 n개의 것으로부터 r개를 취한 조합이라 하고 그 총수를 ${}_nC_r$이라 표기한다.

n개의 상이한 것으로부터 r개를 고르는 선정 방법의 총수는 ${}_nC_r$가지 있고 그 각각에 대해서 그 r개의 것을 1열로 배열하면 ${}_rP_r = r!$가지의 배열 방법이 있다. 즉 n개의 상이한 것으로부터 r개를 골라내서 그것을 1열로 배열하는 배열 방법은 ${}_nC_r \times r!$가지 있다. 이것이 실은 n개의 것으로부터 r개를 끄집어낸 순열의 총수 ${}_nP_r$에 해당하므로

$${}_nC_r \times r! = {}_nP_r, \quad {}_nC_r = \frac{{}_nP_r}{r!} = \frac{n!}{r!(n-r)!}$$

가 된다.

예제 27. 오른쪽 그림처럼 바둑판무늬로 길이나 있는 시가지가 있다. 서북에 있는 자택에서 5블록 동쪽이고, 4블록 남쪽의 학교까지 최단거리(9블록)를 걸어서 가려면 몇 가지 방법이 있을까?

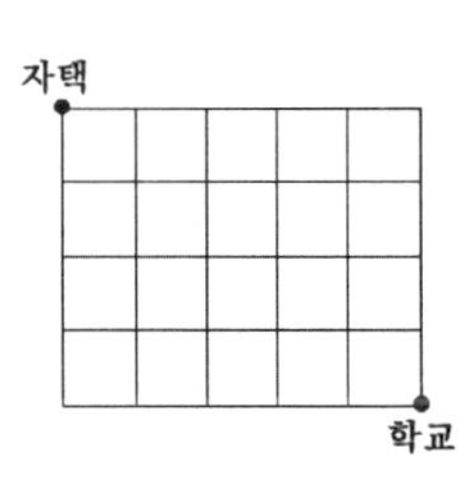

동쪽으로 1블록 걷는 것을 E라 적고, 남쪽으로 1블록 걷는 것을 S라 적으면 예컨대 오른쪽 그림과 같은 굵은 선의 진행 방법은

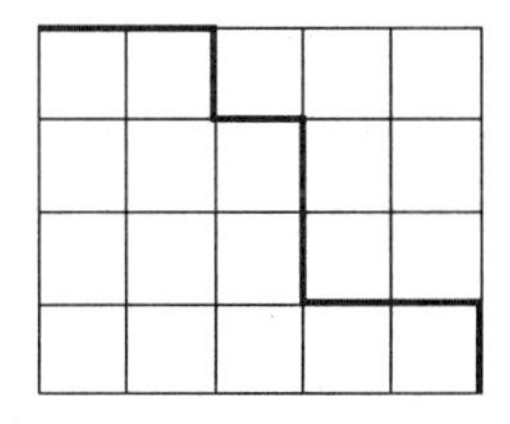

EESESSEES

라 적을 수 있다. 그러면 E와 S를 합쳐서 9개의 코스 중 S를 4회 선정하면 되는 것이므로 그 코스의 총수는 ${}_9C_4$=126가지 생각할 수 있다.

이 예제의 해답은 이것으로 좋은 것이지만 ${}_nC_r$ 등의 계산에 익숙하지 않은 사람을 위해서는 다음의 그림처럼 교차점을 원으로 나타내고 그 안에 '거기까지 가는 코스의 수'를 적어 넣는 것이 좋을 것이다.

그러면 126가지라는 답은 눈으로 보아 바로 납득할 수 있을 것이다. 이 그림을 어딘가에서 본 기억이 없는지. '파스칼의 삼각형'이라 일컬어지고 있는 것이다. 비낌의 점선으로 연결한 수의 배열이 실은 $(a+n)^n$의 전개 때 나오는 계수이다.

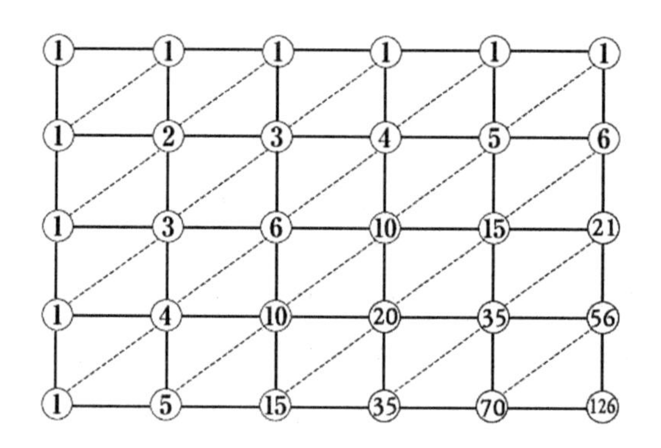

$(a+b)^1=a+b$

$(a+b)^2=a^2+2ab+b^2$

$(a+b)^3=a^3+3a^2b+3ab^2+b^3$

$(a+b)^4=a^4+4a^2b+6a^2b^2+4ab^3+b^4$

………………

$(a+b)^n={}_nC_0a^n+{}_nC_1a^{n-1}b+{}_nC_2a^{n-2}b^2+\cdots\cdots+{}_nC_ra^{n-r}b^r+\cdots+{}_nC_nb^n$

예제 28. 오른쪽 그림처럼 바둑판무늬로 길이 난 시가지가 있다. ×표가 된 부분은 지나갈 수 없다고 하면 서북의 A에서 n블록 동쪽, n블록 남쪽의 B까지 최단거리를 지나서 가려면 몇 가지의 방법이 있을까?

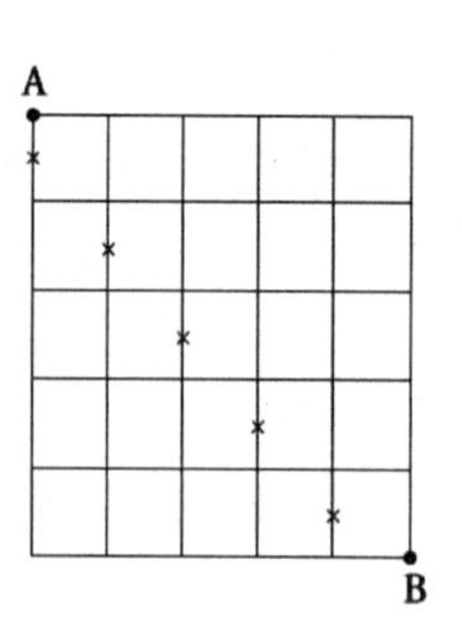

다카하시 히데토시(高橋秀俊) 선생의 아이디어를 기초로 하여 노

자키 아키히로(野崎昭私) 선생이 쓴 매우 우아한 해법을 소개하겠다.

×를 지나도 좋다고 하였을 때 A에서 B까지의 가장 짧은 길은 ${}_{2n}C_n$가지 있다. 따라서 구하는 코스의 총수 f(n)은 ${}_{2n}C_n$으로부터

(1) ×를 지나서 B로 가는 코스의 총수를 빼면 되는 것이다.

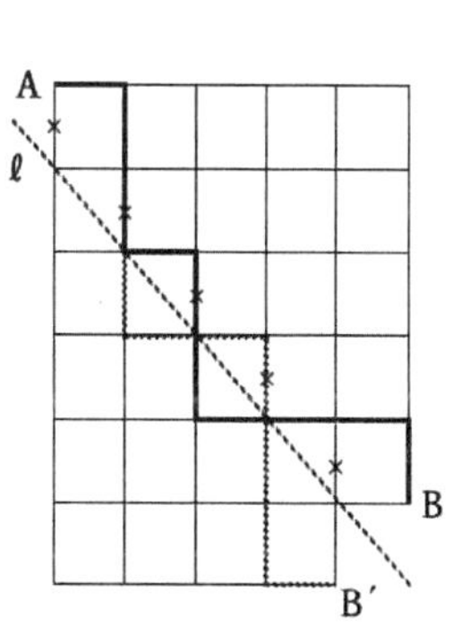

그런데 이러한 코스는 ×를 지난 바로 뒤에 오른쪽 그림과 같은 점선 ℓ에 부딪힌다. 처음으로 점선 ℓ에 부딪히고 나서부터 뒤를 ℓ에 대해서 대칭인 코스로 바꿔 놓아본다. ℓ에 관하여 B와 대칭인 점 B′로 가는 코스를 얻을 수 있다. 즉

(2) A에서 B′로 가는 코스

를 얻을 수 있는 것이다. 반대로 A에서 B′로 가는 코스는 반드시, ℓ과 부딪히므로 처음 2ℓ에 부딪히고 나서 이후를 ℓ에 대해서 대칭인 코스로 바꿔 놓으면 ×를 지나서 B로 가는 코스를 얻을 수 있다. 즉 (1)의 코스와 (2)의 코스는 1대 1로 대응하고 있다. 그래서

(1)의 코스의 수=(2)의 코스의 수= ${}_{2n}C_{n-1}$

이 되므로 구하는 f(n)은

$$f(n)={}_{2n}C_n-{}_{2n}C_{n-1}=\frac{1}{(n+1)}\ {}_{2n}C_n$$

이라는 것이 된다.

이것으로 〈예제 28〉의 해답은 끝났는데 이 예제를 E나 S를 나란히 적은 것으로 언급해 보자.

'E와 S를 2n개 좌로부터 우로 나란히 적었을 때 좌로부터 몇 번째까지를 보아도 거기까지 있는 E의 개수 쪽이 S의 개수보다

적지 않도록 배열하는 것으로 한다. 이러한 배열 방법은 $f(n)=\frac{1}{(n+1)}{}_{2n}C_n$가지 있다'

예제 29. 1에서 10까지의 번호가 붙은 10개의 머릿기름의 나무통이 그림처럼 2단으로 쌓여 있다. 머릿기름은 번호가 작은 나무통일수록 상등품이다. 나무통은 하단에 5개, 상단에 5개의 2단으로 쌓았는데 어느 나무통도 그것보다 하등품의 나무통 아래에는 놓지 않는 것으로 하고 또 같은 단의 (상단 또는 하단의) 나무통에 대해서 하등품의 나무통의 우측에는 놓지 않도록 한다. 그러면 전부 몇 가지의 쌓는 방법이 있을까?

1의 나무통에서 10의 나무통까지 차례로 조사하여 상단에 놓여 있을 때를 U를, 하단에 놓여 있을 때는 D를 대응시켜 보자. 그림에 나타낸 예에서는

UUDDUDUUDD

가 된다. 그런데 이 나란히 적는 방법의 특징은 '좌로부터 몇 번째까지를 보아도 거기까지에 있는 U의 개수는 D의 개수보다 적어지는 일은 없다'라는 것이다. 이러한 것이 〈예제 28〉의 해답의 마지막에 언급해 둔 E와 S의 나란히 적는 방법의 조건과 같으므로

구하는 답은 $f(5)=\frac{1}{6}\times {}_{10}C_5=42$가지라는 것을 알 수 있다.

이 문제는 듀도니 『퍼즐의 임금님』 문제이다.

예제 30. 4개의 수 a, b, c, d의 곱 abcd의 값을 계산하는 순서를 괄호를 사용해서 나타내면 ((ab)c)d, (a(bc))d, a(b(cd))의 5가지를 생각할 수 있다. 일반적으로 n개의 수의 곱 $a_1a_2a_3\cdots a_n$에 대해서 괄호를 붙이는 방법은 몇 가지 있을까?

(((ab)c)d에 ○)○)○)을
((a(bc))d)에 ○○))○)을
((ab)(cd))에 ○)○○))을
(a((bc)d))에 ○○)○))을
(a(b(cd)))에 ○○○)))을

대응시킨다. 이 대응은 다음과 같이 해서 만들어진 것이다. 먼저 수식의 곱의 가장 바깥에 괄호 ( )를 붙인다. 다음으로 왼쪽 괄호 (전부와 제일 처음의 문자 a를 없앤다. 나머지의 문자를 모두 ○으로 해주면 되는 것이다. 이와 같이 하여 만들어진 ○과)의 열은 '좌로부터 몇 번째까지를 보아도 거기까지의 ○의 수는)의 수보다 적어지지는 않는다'라는 특징을 가지고 있다.

반대로 이러한 특징을 가진 ○과)의 열로부터 원래의 수의 곱을 만들 수 있다. 가장 왼쪽에 a를 부가하고 ○에 순차로 좌로부터 b, c, d 등을 넣는다. 가장 왼쪽의)의 앞에 배열된 문자 xy의 왼쪽에 (를 붙인다. (xy)를 하나의 수라고 생각해서 위와 마찬가지의 것을 반복하면 원래의 수의 곱을 얻을 수 있다.

결국 n개의 수의 곱에는 n-1개의 ○과 n-1개의 ）의 열이 1대 1로 대응하고 있다. 더구나 ○과 ）의 열은 〈예제 28〉의 마지막에 언급한 E와 S의 열과 같은 특징을 가지고 있으므로 구하는 수는 $f(n-1)=\frac{1}{n}{}_{2(n-1)}C_{n-1}$이 된다.

이 문제는 카타란의 문제라 일컬어지며 1838년 무렵부터 연구되어 있었던 것이라 한다. 월리의 『수학의 승리』나 야콥슨의 대수학의 교과서에도 재미있는 해법이 나와 있다.

【문제 36】 しんぶんし

회문(回文)이라는 것은 앞에서 읽거나 뒤에서 읽거나 같은 말이 되는 글귀를 말한다. 'たけやぶやけた(대숲이 불탔다)'나, 'しんぶんし(신문지)'도 그러한 회문의 하나이다.

아래의 바둑판무늬 안의 문자를 따라 'しんぶんし'라 읽기 바란다. 몇 가지의 읽는 방법이 있을까? 이웃의 문자를 읽기만 하면 우로 가든 좌로 가든지, 또 위로 가든, 아래로 가든지, 거듭 전에 지나간 곳으로 되돌아가든지 괜찮은 것이다.

し	ん	ぶ	ん	し
ん	ぶ	ん	ぶ	ん
ぶ	ん	し	ん	ぶ
ん	ぶ	ん	ぶ	ん
し	ん	ぶ	ん	し

【해답】

100가지다.

し$_1$		ぶ$_1$		し$_2$
	ぶ$_5$		ぶ$_6$	
ぶ$_4$		し$_5$		ぶ$_2$
	ぶ$_8$		ぶ$_7$	
し$_4$		ぶ$_3$		し$_2$

왼쪽의 위 모퉁이의 'し$_1$'에서 시작되는 것을 세어 본다. 그 가운데 'し$_1$'으로 끝나는 것으로 'ぶ$_4$'을 지나는 것 1가지, 'ぶ$_4$를 지나는 것 1가지, 'ぶ$_5$'을 지나는 것은 4가지가 있다. 그래서 'し$_1$'에서 'し$_1$'으로 끝나는 것은 6가지이다. 다음으로 'し$_1$'에서 'し$_2$'로 끝나는 것은 1가지 , 'し$_1$'에서 'し$_4$'로 끝나는 것도 1가지지만 'し$_1$'에서 'し$_5$'로 끝나는 것은 앞에서와 마찬가지로 하여 6가지이다. 결국 'し$_1$'에서 시작하는 것은 6+1+1+6=14가지 있다. 'し$_2$', 'し$_3$', 'し$_4$'에서 시작하는 것도 마찬가지로 14가지다.

'し$_5$'에서 시작하는 것을 세어 보자. 'し$_1$', 'し$_2$', 'し$_3$', 'し$_4$'로 끝나는 것은 어느 것도 6가지 있다. 마지막으로 'し$_5$'에서 시작하여 'し$_5$'로 끝나는 것을 세어 본다. 이러한 것 중에서 'ぶ$_1$', 'ぶ$_2$', 'ぶ$_3$', 'ぶ$_4$'를 지나는 것은 각각 1가지이다. 또 'し$_5$'에서 'ぶ$_5$'를 지나서 'し$_5$'로 끝나는 것은 4가지이다. 따라서 'し$_5$'에서 'し$_5$'로 끝나는 것은 $1 \times 4 + 4 \times 4 = 20$가지 있다. 그래서 'し$_5$'에서 시작하는 것은 $6 \times 4 + 20 = 44$가지이다.

따라서 전체로는 $14 \times 4 + 44 = 100$가지이다.

【문제 37】 산책길

바둑판무늬가 동서로 4개, 남북으로 6개의 길이 있는 시가지가 있다. 서북에 있는 자택에서 산책을 떠나 어떤 교차점도 한 번만 지나서 자택으로 돌아가려고 한다.

(1) 전부 몇 가지의 방법이 있을까? 거꾸로 돌아가는 것도 다른 방법이라 생각한다.

(2) 모퉁이를 도는 횟수가 많을수록 기분전환이 돼서 좋다고 생각하였다. 이를 위해서는 몇 번 도는 것이 최대가 될까?

【해답】

(1) 74가지 (2) 19회

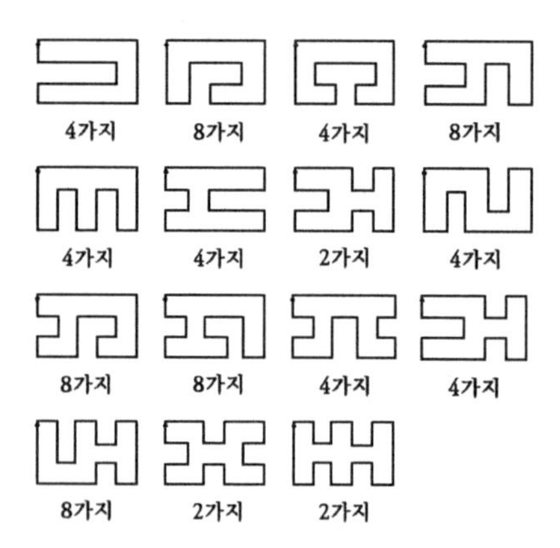

위에서 2가지라는 것은 거꾸로 돌 때도 합쳐서 2가지라는 의미이다. 4가지라는 것은 도형적으로는 대칭도형을 또 하나 생각할 수 있고 각각 거꾸로 도는 것도 고려해서 4가지라는 것이다. 8가지의 것도 마찬가지로 생각하기 바란다. 그러면 합계 74가지가 된다. 도는 횟수가 가장 많은 것은 마지막의 2개의 도형으로 19회 돌고 있음을 알 수 있다.

이처럼 모든 꼭짓점을 한 번만 지나는 선계(線系)를 해밀턴회로라고 한다.

【문제 38】 통행금지

그림과 같이 동서 및 남북으로 각각 6개씩의 도로가 있다. 서북의 A 지점에서 동남의 B 지점까지 최단거리를 지나서 가려고 생각한다. 갑 지점과 을 지점이 모두 통행금지라면, 몇 가지의 방법이 있을까?

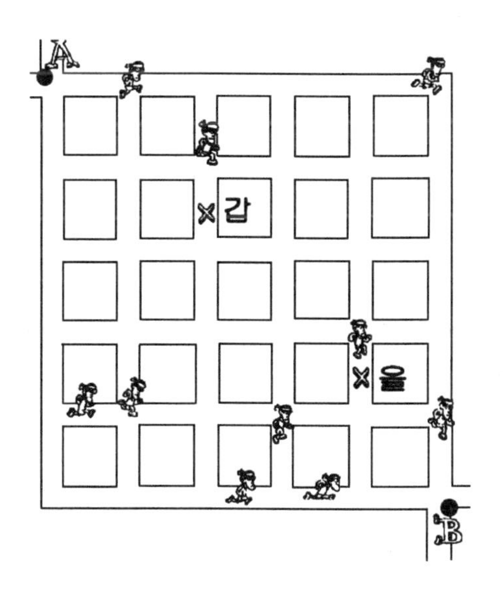

【해답】

140가지

통행금지가 없으면 A에서 B로 가는 방법은 전부 합쳐서 ${}_{10}C_5$ =252가지이다. 따라서 구하는 수는 이 수 252에서 갑이나 을의 적어도 한쪽을 지나는 경우의 수를 빼면 된다.

그 때문에 갑을 지나는 코스의 수나 을을 지나는 코스의 수를 구해 보자. 갑을 지나는 코스의 집합을 X라 하고 그 코스의 수를 n(X)라 적는다. 또 을을 지나는 코스의 집합을 Y라 하고 그 코스의 수를 n(Y)라 적자.

$$n(X)={}_3C_1\times{}_6C_3=60$$

$$n(Y)={}_7C_3\times{}_2C_1=70$$

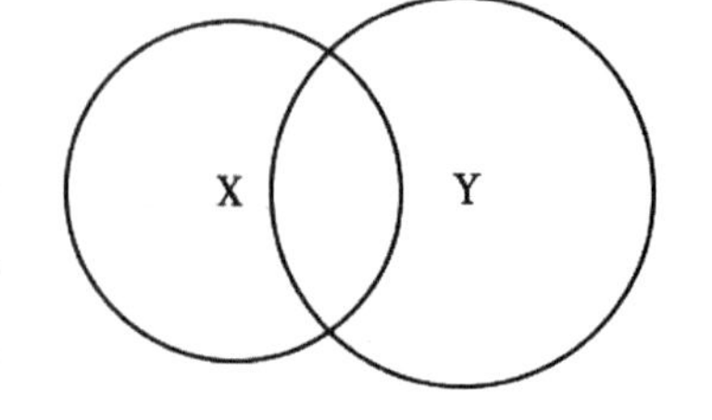

이 된다. 갑이나 을의 적어도 쪽을 지나는 경우는 집합 X∪Y로 나타낼 수 있으므로 그 개수 n(X∪Y)를 구하자. 실베스터의 공식

$$n(X\cup Y)=n(X)+n(Y)-n(X\cap Y)$$

가 성립하므로 결국 갑과 을의 양쪽을 지나는 경우의 수 n(X∩Y)를 구하면 되는 것이다.

$$n(X\cap Y)={}_3C_1\times{}_3C_1\times{}_2C_1=18$$

이므로

$$n(X\cup Y)=60+70-18=112$$

결국 구하는 수는 252-112=140가지라는 것이 된다.

【문제 39】 돈의 지불 방법

10원짜리 5개, 50원짜리 4개 100원짜리 2개 있다. 정확히 250원을 지불하는 데 몇 가지 방법이 있을까?

【해답】

5가지가 있다.

정성 들여 조사해 보는 방법도 있으나 여기서는 재미있는 사고 방법을 소개하자. 지불하는 금액 a원에 x^a을 대응시키는 것이다. 그러면 10원짜리 경화로 지불할 수 있는 금액은 1개도 사용하지 않을 때도 포함해서

$$A=(x^0,\ x^{10},\ x^{20},\ x^{30},\ x^{40},\ x^{50})$$

을 생각할 수 있고 50원짜리 경화로 지불할 수 있는 금액으로서

$$B=(x^0,\ x^{50},\ x^{100},\ x^{150},\ x^{200})$$

을 생각할 수 있다. 또 100원짜리 경화로 지불할 수 있는 금액은

$$C=(x^0,\ x^{100},\ x^{200})$$

이 된다. A, B, C에서 1개씩 선정하여

$$(x^a,\ x^b,\ x^c)$$

을 생각하고 그들의 곱

$$x^a \cdot x^b \cdot x^c = x^{a+b+c}$$

를 만들었을 때의 지수 a+b+c가 3종류의 경화를 사용해서 지불하는 금액이 된다. 따라서 지불할 수 있는 금액은

$$M=(x^0+x^{10}+x^{20}+x^{30}+x^{40}+x^{50})$$
$$\times(1+x^{50}+x^{100}+x^{150}+x^{200})\times(1+x^{100}+x^{200})$$

을 구함으로써 얻을 수 있다. 이 식을 전개하면

$$M=x^0+x^{10}+x^{20}+\cdots\cdots\ +5x^{250}+\cdots\cdots$$

가 된다. x^{250}의 계수는 5이므로 250원의 지불 방법은 5가지 있음을 알 수 있다.

【문제 40】 다각형의 분할

육각형을 그 내부에서는 교차하지 않는 대각선과 변에 의해서 4개의 삼각형으로 분할할 때의 분할 방법은 전부 몇 가지 있을까?

【해답】

14가지

凸n각형의 n-1개의 변에 상수 a_1, a_2,……, a_{n-1}을 부여하고 마지막 1변을 미지수 x라 한다. 그 凸n각형을 삼각형 분할한 것과 n-1개의 상수 a_1, a_2,……, a_{n-1}의 곱을 1대 1로 대응시키려고 하는 것이다. 그를 위해 삼각형 때부터 생각한다. 2변에 a, b를 부여하고 나머지의 1변을 x라 하였을 때 x=ab라 적는다. 凸사각형의 분할은 왼쪽 그림처럼 2개 있고 위의 그림의 경우 y=ab가 되므로 x=(ab)c이고 아래 그림은 z=bc가 되고 x=a(bc)이다. 위의 그림에는 곱 (ab)c가, 아래 그림에는 곱 a(bc)가 대응한다.

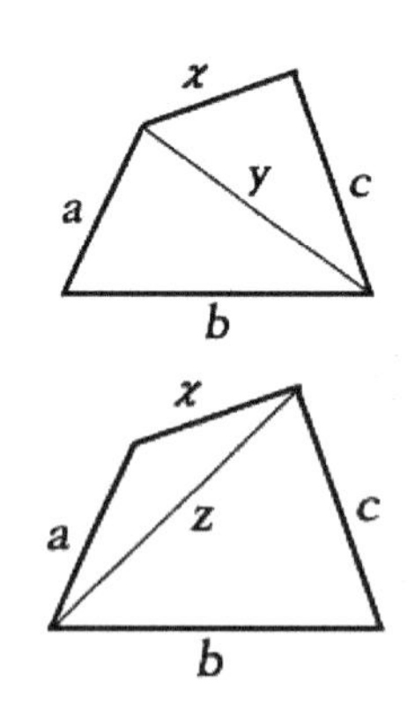

즉 다각형의 분할을 결정하면 곱이 대응하고 있다. 반대로 곱을 결정하면 다각형의 분할이 결정되는 것도 알 수 있다(n=5일 때의 왼쪽 그림 참조).

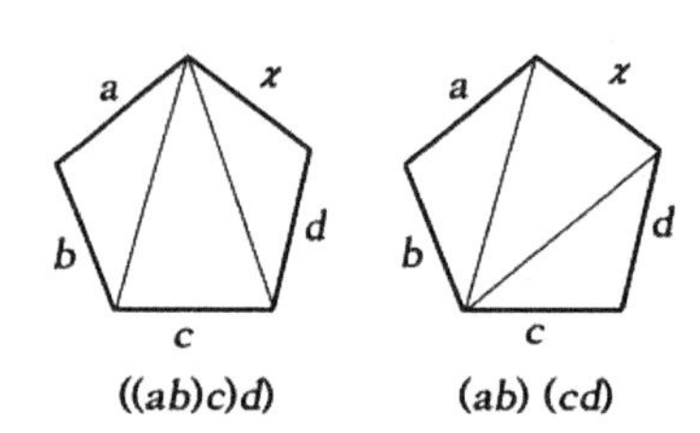

즉 凸n각형의 삼각형 분할에는 n-1개의 수의 곱이 1대 1로 대응하고 있으므로 凸n각형의 삼각형 분할의 방법의 수는 n-1개의 수의 곱에 대해서 괄호를 붙이는 방법의 $f(n-2)={}_{2(n-2)}C_{n-2}/(n-1)$과 같다는 것을 알 수 있다(〈예제 30〉 참조).

특히 n=6일 때는

$f(4)={}_8C_4/5=14$가 된다.

【문제 41】 직선을 교차시킨다

평면상에 7개의 직선이 있다. 그중 어떤 2개도 평행이 아니고 또 어떤 3개도 1점에서 교차하지 않는 것으로 한다.

(1) 교점은 전부 몇 개 있을까?

(2) 교점과 교점에 의해서 절단되는 (유한) 선분의 수는 몇 개 있을까? (그림과 같은 CD는 E로 분단되어 있으므로 선분으로써는 세지 않고 CE와 ED를 선분으로서 센다)

(3) 다각형은 몇 개 있을까?(그림의 □ABCD처럼 직선으로 분단되어 있는 것은 세지 않는다)

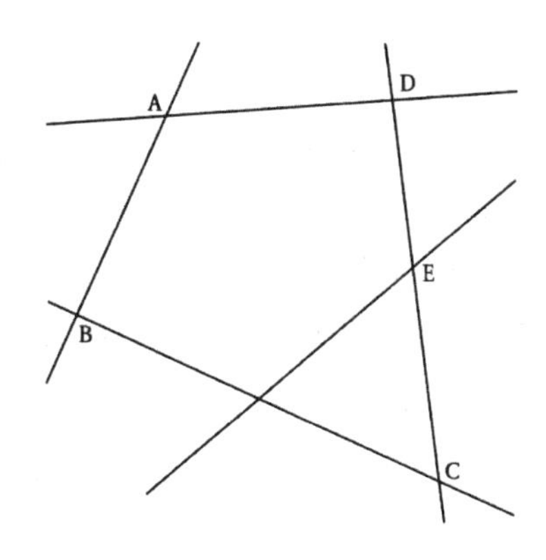

【해답】

⑴ 21개 ⑵ 35개 ⑶ 15개

n개의 직선에 대해서 일반적으로 증명해 둔다.

⑴ 어떤 2개도 평행은 아니고 어떤 3개도 1점에서 교차하고 있지 않으므로 2개의 직선과 교점은 1대 1로 대응하고 있다. 따라서 교점의 수는 2개의 직선을 끄집어내는 수와 같다는 것을 알 수 있다. 그래서

$_nC_2=n(n-1)/2$개

⑵ 각 직선은 다른 n-1개의 직선과 교차하고 있으므로 각 직선상의 선분은 각각 n-2개 생각할 수 있다. 따라서 전체로서 n(n-2)개이다.

⑶ (n-1)(n-2)/2라는 것을 수학적 귀납법에 의해서 증명한다.

n=3일 때 확실히 성립하고 있다.

n=k일 때를 가정하여 n=k+1일 때를 생각한다. n=k일 때에 직선 ℓ을 1개 추가하였다고 하면 ℓ은 k개의 직선과 교차하고 ⑵에서 생각한 것처럼 ℓ상에 k-1개의 선분이 만들어진다. 이 선분의 수만큼 다각형의 수가 증가한다. 따라서 다각형의 수는

$$(k-1)(k-2)/2+(k-1)=k(k-1)/2$$

가 되고 이것은 구하는 공식에서 n=k+1이라 한 것이다.

만일 〔오일러의 정리〕

점의 수-선분의 수+다각형의 수=1

을 알고 있는 사람이라면 ⑴과 ⑵를 사용해서 ⑶은 바로 증명할 수 있다.

【문제 42】 삼각형 퍼즐

5개의 직선으로 될 수 있는 대로 많은 독립된 삼각형을 만들려고 할 때는 아래의 왼쪽 그림처럼 한다. 이때 삼각형이 5개 만들어진다. 6개의 직선이라면 아래의 오른쪽 그림처럼 하면 삼각형이 7개 만들어진다.

그러면 7개의 직선으로는 삼각형이 몇 개 만들어질까? 예컨대 오른쪽 그림은 크고 작은 삼각형이 2개 있다고 생각할 수 있으나 이 경우 중복은 인정하지 않고 작은 삼각형 1개로만 보는 것이다.

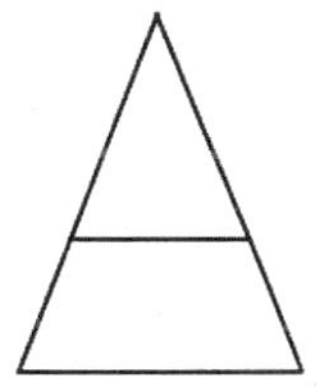

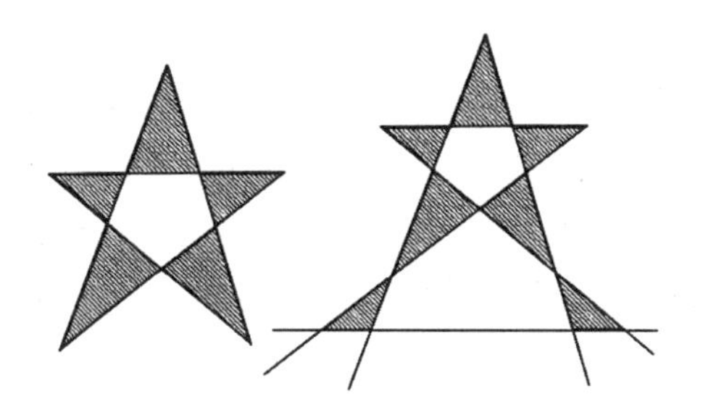

【해답】

아래의 왼쪽 그림처럼 11개 만들어진다.

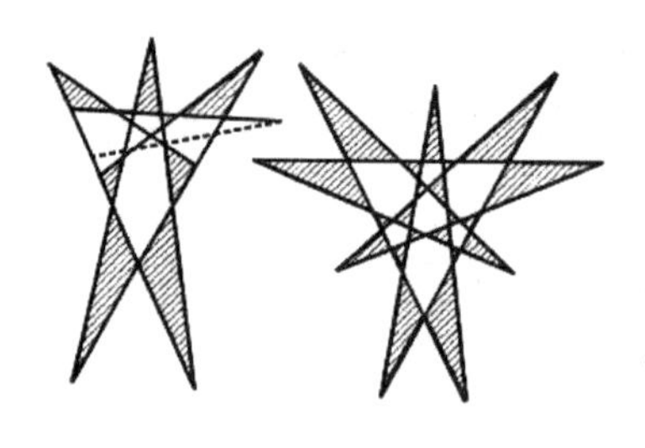

직선의 수를 8개라 한다(왼쪽 그림에서 점선도 포함한다). 삼각형이 4개 증가하여 15개가 된다. 거듭 직선을 9개로 한 것을 오른쪽에 보였다. 이때 삼각형은 21개 만들어져 있다.

직선의 수가 n개일 때 삼각형이 최대 m개 만들어졌다 하자. n개의 직선 중 어떤 3개도 1점에서 교차하고 있지 않다고 하였을 때는

m≤〔n(n-2)/3〕

이 성립하는 것이다(여기서 〔 〕는 가우스의 기호이고 〔x〕는 x를 초과하지 않는 최대의 정수를 나타낸다). 왜냐하면 〈문제 41〉에서 언급한 것처럼 선분의 수는 n(n-2)이고 삼각형의 수는 m개이며 삼각형의 이웃은 삼각형으로는 되지 않으므로 변의 수는 3m개 이상이 된다. 즉

3m≤n(n-2)

가 성립하기 때문이다.

(세 직선이 1점에서 교차하는 경우도 위의 부등식은 성립한다고 생각되지만 현재로서는 그 증명이 되어 있지 않다)

n	1	2	3	4	5	6	7	8	9
m	0	0	1	2	5	7	11	15	21
$\left[\frac{1}{3}n(n-2)\right]$	—	0	1	2	5	8	11	16	21

【티 코너】 (6)

24. 2개의 정육면체(주사위)의 면에 숫자를 1개씩 적어 넣어 날짜(1에서 31까지의 수)를 나타내도록 하여라. 다만 1은 [0][1] 이라는 것처럼 십의 자리를 0으로 나타낸다. 또 31은 [3][1] 이라는 것처럼 나타낸다.

25. 주사위는 마주 본(위와 아래의) 2개의 면의 끝수의 합이 7이 되도록 만들어져 있다. 이러한 조건을 지키면서 주사위의 면에 끗수를 적어 넣는 방법은 몇 가지 있을까? 다만 주사위의 끗수는 1, 4, 5는 어떤 방향으로부터 보아도 같지만 2, 3, 6은 보는 방향에 따라 다르다. 이러한 것도 고려하기 바란다.

26. 2개의 정육면체의 면에 수를 기입하여 2개의 정육면체의 윗면의 수의 합에 따라서 1에서 36까지의 정수를 모두 나타낼 수 있도록 하려고 생각한다. 어떻게 수를 기입하면 될까?

27. 나무로 만든 1변 3㎝의 정육면체의 6개의 면을 까맣게 칠했다. 이 정육면체를 톱으로 켜서 1변 1㎝의 정육면체를 27개 만든다. 다만 톱질하는 경우 절단된 조각을 서로 포개서 켜는 일은 없는 것으로 한다.

(1) 몇 번 톱질을 하면 될까?

(2) 검은 면이 없는 작은 정육면체는 몇 개 있는가?

(3) 1면만이 검은 작은 정육면체는 몇 개 있는가?

(4) 2면만이 검은 작은 정육면체는 몇 개 있는가?

(5) 3면만이 검은 작은 정육면체는 몇 개 있는가?

【해답】

24. 한쪽의 정육면체에는 0, 1, 2, 3, 4, 5를 기입하고 다른 쪽의 정육면체는 0, 1, 2, 6, 7, 8을 기입한다. 6을 거꾸로 읽어서 9로 사용하는 부분이 특징이다.

25. 1을 위로 하면 아래는 6이다. 측면이 시계방향으로 2, 4, 5, 3으로 배열하는 것과 그 반대방향의 2종류가 있다. 각각에 대해서 2, 3, 6은 2가지의 기입 방법이 있으므로 $2^3=8$ 가지의 끗수를 적는 방법이 있다. 따라서 전체로서 16가지이다.

26. 한쪽의 정육면체에 1, 2, 3, 4, 5, 6을 기입하고 또 하나의 정육면체에 0, 6, 12, 18, 24, 30을 기입하면 될 것이다. 〔별해(別解)로서 한쪽에 0, 1, 2, 3, 4, 5를, 다른 쪽에 1, 7, 13, 19, 25, 31을 기입해도 된다〕

27. ⑴ 〈문제 1〉의 판초콜릿 때와 마찬가지로 1회의 톱질마다 자른 조각은 1개 증가하므로 27개의 조각으로 나누려면 26회의 톱질만 하면 된다.

⑵ 검은 면이 없는 작은 정육면체는 제일 속의 작은 정육면체뿐으로 1개이다.

⑶ 1면만이 검게 칠해진 것과 원래의 정육면체의 면이 1대 1로 대응하고 있으므로 6개이다.

⑷ 2면만이 검게 칠해진 것과 원래의 정육면체의 모서리가 1대 1로 대응하고 있으므로 12개이다.

⑸ 3면만 검게 칠해진 것과 원래의 정육면체의 꼭짓점이 1대 1로 대응하고 있으므로 8개이다.

Ⅶ. 확률의 퍼즐

우연이라는 것을 수학적으로 명확히 해주는 것도 확률이고, 도박에 이길 수 있는가 없는가의 판단자료를 제공해 주는 것도 확률이다. 확률 계산의 기초는 '경우의 수'의 산정(算定)에 있다.

즉 모든 가능한 경우의 수를 구하고 그 안에 지금 문제로 하고 있는 경우가 어느 정도의 비율을 차지하고 있는지가 확률이다.

게임 코너 (4)

〈하시켄(젓가락 놀이)〉 학생들이 친목회 등에서 '젓가락 놀이'라는 게임을 하고 있다. 그것은 두 사람이 쥔 젓가락 개수의 합을 서로 맞히는 게임이고 만일 지면 술을 마시지 않으면 안 된다.

2명이 각각 젓가락을 3개씩 갖고 상대방에게 보이지 않도록 두 손을 뒤로 돌린다. 선수(先手)는 1개나 2개나 3개의 젓가락을 쥐고 상대방에게 보이지 않도록 내밀고 '…개'라 말한다. 선수가 말하는 개수는 자기가 쥔 젓가락의 개수와 후수(後手)가 쥘 것이라고 생각되는 젓가락의 개수의 합을 예상해서 말하는 것이다. 후수는 선수가 말하는 것을 듣고 나서 작전을 짜서 1개나 2개나 3개의 젓가락을 쥐고 '…개'라 말한다. 그래서 손을 펴서 젓가락의 개수를 세고 맞힌 쪽이 승리이다.

2명 모두 맞히지 못했을 때는 무승부이다(보통, 선수가 말한 것과 같은 개수를 후수가 말하는 것은 금지되고 있다).

선수는 '4개'라 말하는 것이 최상이다. 만일 3개 이하의 개수를 말하면 후수가 3개를 쥐고 내밀어 버리므로 선수의 승리는 없다. 또 5개 이상의 개수를 말했다 하여도 후수가 1개를 쥐어 역시 선수의 승리는 없기 때문이다.

선수가 '4개'라 말했을 때의 후수의 최상의 전략은 후수(자기)가 쥐고 내는 개수보다 1개나 2개나 3개 많게 말하는 것이다(그때 후수가 '4개'라 말하는 것만은 제외한다).

약속한 일

17세기의 일이다. 도박을 좋아하는 귀족 드 메레는 몇 번이라도 싫증이 날 만큼 주사위를 굴려서 결과를 검토하거나 그것을 수첩에 기록하거나 하면서 하나의 생각에 도달하였다. 하나의 주사위를 4회 던진 중에서 적어도 1회(즉 1회 이상) 6이 나온다는 내기를 할 때 1회 이상 6이 나오는 쪽으로 걸면 유리하다고 생각하게 되었다.

그의 생각에 따르면 '주사위를 던져서 6이 나오는 것은 6회에 한 번의 비율이라는 것, 따라서 1회 주사위를 던져서 6이 나온다고 바랄 수 있는 기대율(확률)은 1/6이어야 할 것이다' 여기까지의 메레의 생각은 올바른 것이다.

'그래서 4회 주사위를 던지면 기대율은 4배가 돼서 4/6, 즉 2/3가 될 것이다. 따라서 나는 질 리가 없다'라고 생각한 것이다. 실제 많은 사람과 이 내기를 해서 언제나 이겼다. 마침내 메레는 자기의 생각이 올바르다는 확신을 얻었다. 그의 생각은 잘못되어 있는 것이지만 다행히도 이 내기에서 메레가 파산하지 않은 것은 올바른 확률이 0.5177…이었기 때문이다.

자기의 생각이 잘못되어 있다고는 알아채지 못한 불행한 메레는 새로운 내기를 시작하였다. 이번에는 2개의 주사위를 24회 던져서 그중 적어도 1회 12(6과 6이 나오는 일)가 나온다는 내기로 바꾼 것이다. 그의 사고에 따르면 '2개의 주사위를 던져서 12가 나오는 것은 주사위의 끗수가 나오는 방법 6×6=36가지 중 2개 모두 6이 나올 때뿐이므로 기대율은 1/36이어야 할 것이다' 이때도 여기까지의 메레의 생각은 올바른 것이다. 따라서 24회 던지면 기대율은 24배가 되므로 전번과 마찬가지로 24/36=2/3가 되어야 할 것이다'라고 메레는 생각했다. 여기서 메레의 생각은 잘못되어 있는 것이지만 전번의 성공 때문에 자기의 생각에 확신이 있었으므로 계속 지면서도 '언젠가는 이겨야 할 것이다'라고 생각하여 내기를 계속해서 마침내 빈털터리가 돼 버렸다는 것이다. 이번 경우의 올바른 확률은 0.4914…가 되므로 메레가 파산한 것도 어쩔 수 없는 일일 것이다.

그래서 메레는 친구인 수학자 파스칼에게 질문의 편지를 적은 것이다. 실은 확률론은 이 메레의 편지로 시작되었다고 일컬어지고 있다. 편지를 받은 파스칼은 수학자 페르마와도 의견을 교환하면서 확률론을 발전시켜 갔다.

파스칼이나 페르마의 생각을 언급하자. 처음의 '4회 주사위를 던져서 적어도 1회 6이 나오는 확률' 쪽부터 구해 본다. 메레가 생각한 것처럼 1회 주사위를 던져서 6이 나오는 확률은 1/6이다. 그래서 1회 주사위를 던져서 6이 나오지 않는 확률은 5/6가 된다. 4회 주사위를 던져서 4회 모두 6이 나오지 않은 확률은 $(5/6)^4$이므로 적어도 1회 6이 나오는 확률은

$$1-\left(\frac{5}{6}\right)^4=\frac{671}{1296}=0.5177\cdots$$

이 된다.

다음으로 '2개의 주사위를 24회 던져서 적어도 1회 12가 나오는 확률'을 구해 보자. 2개의 주사위를 1회 던져서 12가 나오는 확률은 1/36이므로 2개의 주사위를 1회 던져서 12가 나오지 않는 쪽의 확률은 35/36이다. 2개의 주사위를 24회 던져서 24회 모두 12가 나오지 않는 확률은 $(35/36)^{24}$이 되므로 적어도 1회 12가 나오는 쪽의 확률은

$$1-(35/36)^{24}=0.4914\cdots$$

가 된다.

17세기의 중간쯤 시작된 확률론은 18세기에도 많은 발전을 보

였으나 그것들을 하나의 큰 체계로서 완성한 것은 19세기 초의 라플라스이다. 라플라스에 의한 확률의 정의는 다음과 같은 것이었다.

'전체로서 N개의 경우가 있고 그것들은 같은 정도로 확실한 듯하다고 한다. 구하는 경우 E가 r개 있다고 하면 E가 일어나는 확률은 $\frac{r}{N}$이다'

파스칼이나 페르마에서는 주사위를 던져서 1이 나오는 확률이 1/6이라는 것은 당연하다고 하는 것에 반해서 라플라스는 '같은 정도로 확실한 듯하다'라는 것을 의식하고 있는 점, 확실히 커다란 전진이다.

위의 라플라스에 의한 확률의 정의는 "이 유한의 경우에 대해서 행해지고 있으나 극히 자연스럽게 무한의 경우에도 확장된다.

'길이 L의 곡선이 있고 그 곡선상의 어느 점을 잡는가는 같은 정도로 확실한 듯하다고 한다(이 곡선상의 각 점에 동등한 확률이 분포되고 있다 한다). 이 곡선의 부분 E의 길이가 ℓ일 때 길이 L의 곡선상에 임의의 점을 잡으면 그 점이 E에 포함되는 확률은 $\frac{\ell}{L}$이다'

이 정의는 길이에 대해서 행해지고 있으나 넓이나 부피의 경우에 대해서도 마찬가지로 정의된다.

라플라스의 이론에 따르면 확률은 명확히 정의되어 있다. 이러한 확률은 온갖 사상(事象)에 대해서 단지 하나 '존재하는' 것이어서 그것을 '탐구하는' 것이 확률론의 임무라는 것이 라플라스의 사고였다. 라플라스에 의한 확률론에는 아무런 문제도 없고 앞길은 양양한 것처럼 보였다. 그런데 그 가장 기초적인 부분에 뜻하지 않은 모순이 발견되었다. 하나의 사상에 몇 개나 되는, 때로는 무수한 확률이 존재하는 것 같은 예가 발견된 것이다. 그 예로서

베르트란의 역설을 고바리 미히로(小針晛宏) 선생의 『확률·통계 입문』의 해설을 기초로 설명하자.

예제 31. 원에 임의의 현을 그을 때 그 길이가 내접 정삼각형의 1변보다 길어지는 확률을 구하라.

〔A군의 해답〕

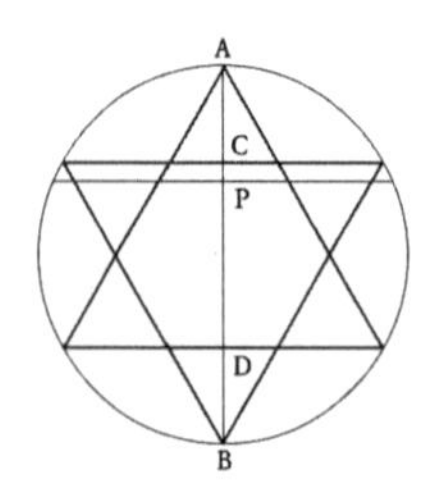

현을 수평으로 긋는다고 해도 일반성을 상실하지 않는다. 그리고 그 수평현이 수직인 지름 AB와 교차하는 점 P의 위치에 따라 현의 길이는 결정된다. 오른쪽의 그림처럼 2개의 정삼각형의 밑변과 AB와의 교점 C, D를 잡으면 P가 CD 상에 있을 때 조건에 맞는다. 지름 AB의 길이를 2라 하면 CD의 길이는 1이므로 AB 상에 임의로 점 P를 잡고 그것이 CD 상에 있는 확률은 1/2이다. 따라서 구하는 확률은 1/2이다.

〔B군의 해답〕

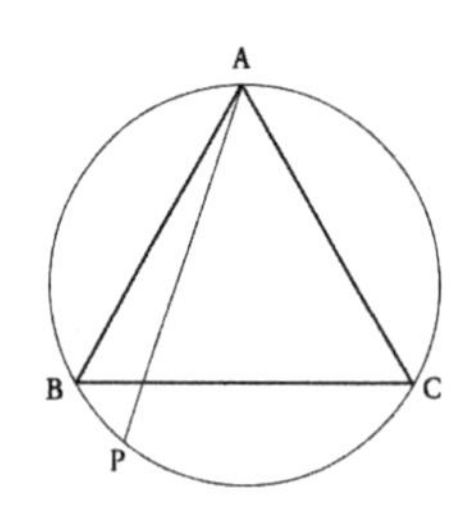

현은 원둘레 상의 2점에 의해서 결정되지만, 최초의 점 A는 어디에 잡아도 마찬가지이므로 제2의 점 P의 상대적인 위치에 따라서 현의 길이가 결정된다. 그래서 A를 꼭짓점으로 한 내접 정삼각형 AK를 생각하면 제2의 점 P가 열호(劣弧) BC 상에 있을 때 조건을 충족한다. 호 BC의 길이는 전 원둘레의 1/3이므로 전 원둘레 상에 임의로 점 P를 잡아 그것이 호 BC 상에 있는 확률은 1/3이다. 따라서 구하는 확률은 1/3이다.

〔C군의 해답〕

지름 AB의 한 끝 B에서 접선 ℓ을 긋는다. A를 한 끝으로 하는 현 AP가 있을 때 그 연장과 ℓ과의 교점을, P′라 하면 A를 한 끝으로 하는 하나의 현에 대해서 ℓ상의 점 P′가 결정된다. 역으로 ℓ상에 1점 P′를 잡으면 현 AP가 결정된다. 즉 현 AP와 ℓ상의 점 P′가 1대 1로 대응하고 있으므로 현 AP를 긋는 것과 ℓ상에 P′를 잡는 것은 동치(同値)이다. A를 꼭짓점으로 하는 내접 정삼각형을 ACD라 하고 AC, AD의 연장과 ℓ과의 교점을 각각 C′, D′라 한다. ℓ상에 임의로 점 P′를 잡고 그것이 C′D′ 안에 있으면 조건을 충족한다. 그런데 직선 ℓ의 길이는 무한이고 이 선분 C′D′의 길이는 유한이므로 구하는 확률은 0이 된다.

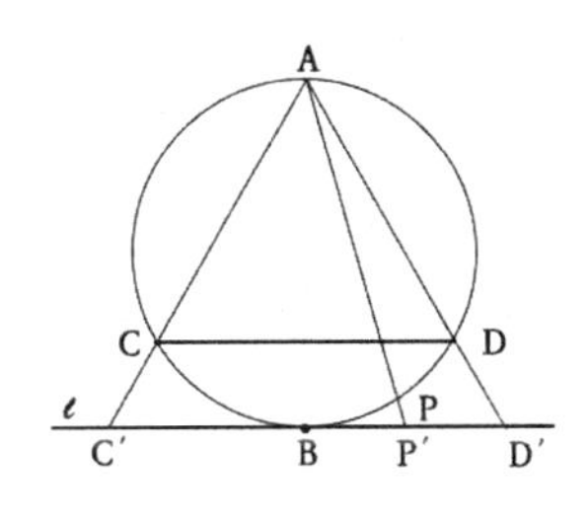

〔D군의 해답〕

원둘레 상의 1점 A에서 외접하는 길이 L인, 그림과 같은 폐곡선을 생각한다. 그러면 C군의 해답과 마찬가지로 하여 현 AP와 이 폐곡선 상의 1점 P′가 1대 1로 대응한다(정확히는 1대 1로 대응하는 점 P′를 잡을 수 있을 것 같은 폐곡선을 생각한 것이다). 내접 정삼각형 ACD의 C 및 D에 대응하는 폐곡선 상의 점을 각각 C′ 및 D′라 하면 폐곡선 상에 임의로 점 P′를 잡을 때, 그것이 열부분곡선(劣部分曲線) C′D′ 상에 있으면 조건에 맞는다. 이

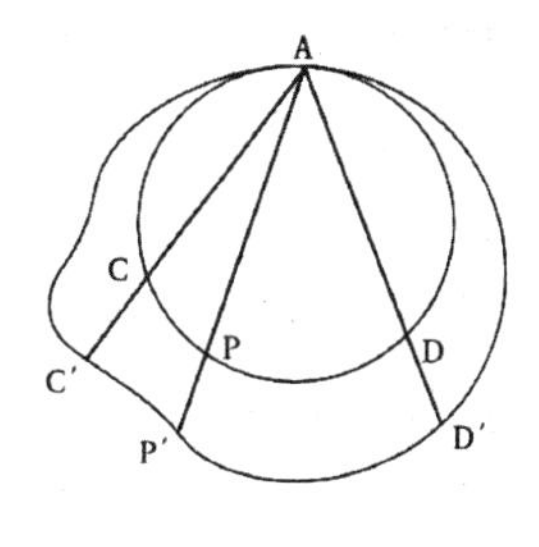

열부분곡선 C′D′의 길이를 ℓ이라 하면 구하는 확률은 ℓ/L이 된다. 그런데 L도 ℓ도 자유로이 바꿀 수 있으므로 이 답은 부정(不定)이라는 것이 되어 버린다.

그러면 이 혼란의 원인은 어디에 있는 것일까. 문제에서는 '임의로 현을 긋는다'라는 애매한 표현뿐이고 '무엇을 갖고 같은 정도로 확실한 듯하다'라 하는가를 명확히 하고 있지 않다. A군은 지름 AB 상의 각 점이 같은 정도로 확실한 듯하다고 생각하였고 B군은 원둘레상의 각 점에, 또 C군은 접선 ℓ상의 각 점에 동등한 확률이 분포하고 있다고 생각한 것이다. D군은 임의의 폐곡선상의 각 점에 동등한 확률이 분포하고 있다고 생각하였기 때문에 '답은 부정'으로 된 것이다.

이 예는 '무엇을 갖고 동등하다 하는가'를 명확히 하지 않는 한 확률은 논할 수 없다는 교훈을 주고 있다. 주사위를 던졌을 때 6의 끗수가 나오는 확률이 1/6이라 말하지만, 그것은 절대적 진리로서 결정되어 있는 것이 아니고 확률을 생각하는 사람에 있어서의 '가정'이고 '약속한 일'이다. 주사위의 1의 끗수에서 6의 끗수까지의 어느 6개의 끗수에도 같은 정도로 확률이 분포하고 있다는 가정이다. 라플라스의 확률론의 결점은 온갖 사상(事象)에 대해서 확률은 각각 단지 하나 결정되어 있고 인간이 그것을 구하는 것이라고 한 점에 있다. 즉 확률이라는 것이 사전에(선험적으로) 결정되어 있다고 생각한 점에 있다.

콜모고로프로 시작되는 현대의 확률론은 몇 갠가의 가정(공리계)을 설정하고—즉 확률공간을 지정하고—그 위에 이론을 전개한다. 이것은 현대의 공리주의적(公理主義的) 수학관과 같은 것이다. 이러한 입장에서는 '진리라는 것은 분명히 존재하며, 그것을 탐구하는 것이 학문이 아니라 무엇을 가정했을 때 어떤 결론이 나는가의 논리의 연쇄가 학문이다'라고 말할 수 있을 것이다.

여기서 공리적 확률론의 개요를 언급해 둔다.

먼저 근원사상(根元事象)이라 일컬어지는 것의 집합으로서 표본공간 A를 생각하고 이 A의 부분집합을 사상이라 하는 것이다. 임의의 사상 A에 대해서 하나의 실수 p(A)를 정의하고 이것을 사상 A의 확률이라 한다. 거듭 이것이 다음의 공리를 충족시키는 것으로 한다.

공리 1. $0 \leq p(A) \leq 1$

공리 2. $p(A)=1$

공리 3. $1 \leq i \leq n$, $1 \leq j \leq n$을 충족시키는 어떤 i, j에 대해서도 $A_i \cap A_j = \varnothing$일 때

$$P(A_1 \cup \cdots\cdots \cup A_n)=p(A_1)+\cdots\cdots+p(A_n)$$

여기서 A∪B나 A∩B는 각각 2개의 집합 A와 B의 합집합 및 교집합을 가리키고 있다.

【문제 43】

남자인가 여자인가

3개의 방이 있다. 그중 어느 하나의 방에는 남자가 2명 들어가 있다. 또 다른 어느 방에는 여자가 2명 들어가 있고 나머지의 방에는 남녀 커플이 들어가 있다. 물론 어느 방에 어느 조가 들어가 있는지는 알 수 없다. 안에서 무엇을 하고 있는지도 알 수 없는 일이지만 아무튼 한 방을 노크했더니 "누군가 왔어요, 당신이 나가보세요."라고 여성의 목소리가 들렸다. 남자가 나오는 확률은 얼마일까?

【해답】

$\frac{1}{3}$

	대답을 한 사람	나오는 사람
(1)	여자 A	여자 B
(2)	여자 B	여자 A
(3)	여자 C	남자 X

무심코 1/2이라고 답하게 될 것 같으나 그렇지는 않다.

여성의 목소리가 난 것이므로 그 방은 남성 두 사람의 방이 아닌 것은 확실하다. 한 방의 여성 2명을 여자 A와 B라 한다. 남성과 커플인 여성을 여자 C라 하고 그 상대방 남성을 남자 X라 한다. 그러면 대답을 한 여성은 여자 A, 여자 B, 여자 C 중의 누군가이고 그중의 누구인가는 완전히 같은 정도로 확실성이 있다고 생각된다. 나오는 것은 그 커플의 사람이므로 남자가 나오는 것은 여자 C가 대답했을 때뿐이다. 따라서 남자가 나오는 확률은 1/3이다.

이 문제와 비슷한 문제는 흔히 볼 수 있으나 이와 같이 각색한 것은 고바리 선생이다.

화폐를 2매 던졌을 때 그중 1매는 앞면이라는 것을 알았다. 다른 1매가 뒷면인 확률은 얼마인지 알 수 있는가. 1/2이라고 대답하지는 않는지. 한쪽이 앞면이라는 것을 알기만 하면 나머지가 뒷면이 되는 확률은 2/3가 된다.

【문제 44】 선생의 버릇

“A선생에 대한 것인데 말이지. 흔히 ○×식의 문제를 내지 않나?”

“그렇지.”

“그런데 선생의 버릇을 연구한 녀석이 있는데 말이야. 그 녀석의 말에 따르면 A선생은 ×보다 ○쪽이 많은 문제를 낸다고 한다네.”

“허허. 재미있군.”

“게다가 같은 답(○뿐이든가, ×뿐)이 3개 이상 계속되는 일도 없다고 해.”

“흠”

“다섯 문제 출제되었을 때, 정해를 전혀 모른다고 하면 어떠한 해답을 하면 유리할까?”

【해답】

○○×○○

	(1)	(2)	(3)	(4)	(5)
1	○	○	×	○	○
2	○	○	×	○	×
3	○	○	×	×	○
4	○	×	○	○	×
5	○	×	○	×	○
6	○	×	×	○	○
7	×	○	○	×	○
8	×	○	×	○	○

전부 ○로 하면 선생의 버릇으로부터 ○쪽이 많은 것이므로 언제나 3개 이상의 점수는 받을 수 있다.

이것 이상 유리한 해답은 없을까? 선생의 버릇으로부터 출제의 가능성이 있는 것은 왼쪽 표와 같은 8가지 경우뿐이다. 이 8가지 중 어느 경우가 출제되는지는 전적으로 대등하다고 하면 (이밖에 선생의 버릇은 없다고 하면), (1)의 해답은 ○로 하는 것이 유리하고 (2)도 ○, (3)은 ×, (4)는 ○, (5)도 ○로 하는 것이 유리하다는 것으로 된다. 득점의 기댓값을 계산해 보면

$$(5+4+4+2+2+4+2+4)/8=3.375$$

가 된다. (6+5+5+5+6/8)이라 해도 된다.

다른 한편 전부를 ○로 했을 때의 기댓값은

$$(4+3+3+3+3+3+3+3)/8=3.125$$

가 되므로 ○○×○○라 하는 편이 유리하다.

문제를 보고 (2)는 ×라는 것만은 알았다고 하자. 선생의 출제 가능성이 있는 것은 위의 표의 4, 5, 6의 3개의 경우뿐이므로

○×○○○

라는 것이 유리하고 이때의 기댓값은 4가 된다.

【문제 45】 포볼

스트라이크와 볼을 평균해서 반반으로 던지는 투수가 있다. 타자는 이 투수의 투구는 치지 않고 포볼을 노리기로 하였다. 그 성공률은 어느 정도가 될까?

【해답】

$\frac{11}{32}$(대략 3회에 1회의 성공률)

타자가 삼진하는 경우를 생각해 보자. 다음의 4개의 경우를 생각할 수 있다.

(1) 처음 3구가 모두 스트라이크일 때, 이 경우가 일어나는 확률은

$$\frac{1}{2}\times\frac{1}{2}\times\frac{1}{2}=\frac{1}{8}$$

(2) 4투구 중 처음의 3구 중의 하나가 볼이고 그 밖의 3구가 스트라이크일 때, 이 경우의 확률은

$${}_3C_1\times(1-\frac{1}{2})\times\frac{1}{2}\times\frac{1}{2}\times\frac{1}{2}=\frac{3}{16}$$

(3) 5투구 중 처음의 4구 중의 2개가 볼이고 그 밖의 3구가 트라이크일 때, 이 경우의 확률은

$${}_4C_2\times(1-\frac{1}{2})\times(1-\frac{1}{2})\times\frac{1}{2}\times\frac{1}{2}\times\frac{1}{2}=\frac{3}{16}$$

(4) 6투구 중 처음의 5구 중의 3개가 볼이고 그 밖의 3구가 스트라이크일 때, 이 경우의 확률은

$${}_5C_3\times(1-\frac{1}{2})\times(1-\frac{1}{2})\times(1-\frac{1}{2})\times\frac{1}{2}\times\frac{1}{2}\times\frac{1}{2}=\frac{5}{32}$$

따라서 타자가 삼진하는 확률은

$$\frac{1}{8}+\frac{3}{16}+\frac{3}{16}+\frac{5}{32}=\frac{11}{32}$$

이 된다. 포볼로 1루에 나갈 수 있는 확률은

$$1-\frac{21}{32}=\frac{11}{32}$$

【문제 46】 연애편지

X군은 한눈에 반한 그녀에게 열렬한 연애편지를 보냈으나 끝내 답장이 오지 않았다. 다만 보낸 곳은 개인의 편지를 검열하기로 악명 높은 기숙사여서 검열에 걸려 그녀에게 전달되지 않았을 확률은 30%, 그녀에게 전달되었지만 버렸을 확률 50%, 편지를 읽고 호의를 가졌으나 부끄러운 나머지 답장을 쓰지 않는 확률이 70%라 한다.

그러면 X군에게 얼마만큼의 희망이 남아 있을까?

이 문제는 고바리 선생의 책에 나와 있다.

【해답】

41%의 희망을 가질 수 있다.

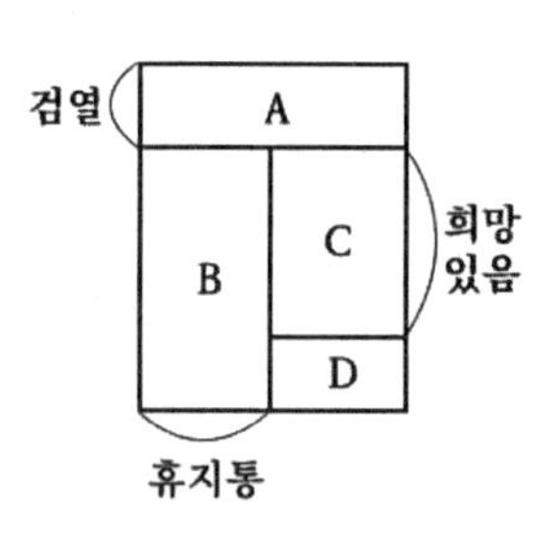

검열에 걸리는 경우를 A로 나타내면 A인 확률은 0.3이다. 편지가 그녀에게 전달되어 읽기는 하였으나 즉시 휴지통에 버린 경우를 B라 적으면 B의 확률은 0.7×0.5=0.35가 된다.

그녀가 편지를 읽고 부끄러운 나머지 답장을 보내지 않는다는 경우를 C라 적는다. 이 경우가 희망이 있을 때이다. 편지를 읽는 확률은 0.7×0.5=0.35이고 그중 부끄러워 답장을 보내지 않는 것은 70%이므로 0.7×0.5×0.7=0.35×0.7=0.245이다. 나머지의 경우를 D라 하면 이 경우는 답장을 주는 경우이므로 지금의 문제 때에는 제외시켜 생각하지 않으면 안 된다.

희망을 가질 수 있는지 없는지를 생각하려면 답장을 주지 않았던 경우에 대해서 생각하고 그녀의 의사와는 관계없이 답장을 보낼 수 없었던 A의 경우는 제외한다(A의 경우라 해도 만일 편지가 전달되면 B, C, D와 마찬가지 확률이 되어 있다고 보아야 한다). 따라서 그녀의 의사로 답장을 주지 않았던 경우 중(B와 C 중) 희망을 가질 수 있는 경우(C의 경우)가 얼마만큼의 비율을 차지하고 있는가를 구하면 된다.

$$\frac{0.245}{0.35+0.245}=\frac{245}{595}=0.411\cdots\cdots$$

즉 대략 41%가 된다.

【문제 47】 주사위 놀이에서 날밭에 들다

주사위 놀이에서 거의 날밭에 들게 되었다. 주사위를 던져서 정확히 딱 맞는 끗수가 나오지 않는 이상 날밭에 들 수 없고 나머지 수만큼 뒤로 되돌아간다. 예컨대 C의 곳에 있었을 때, 5의 끗수가 나오면 3을 전진하고 2를 후진하므로 B의 곳으로 가는 셈이다. 그림의 A에서 F까지의 6개소 중 어디가 가장 날밭에 들기 쉬울까?

1회로 날밭에 들 수 있을 때뿐 아니라 2회째에 날밭에 드는 경우나 3회째에 날밭에 드는 경우 등도 모두 고려하기 바란다.

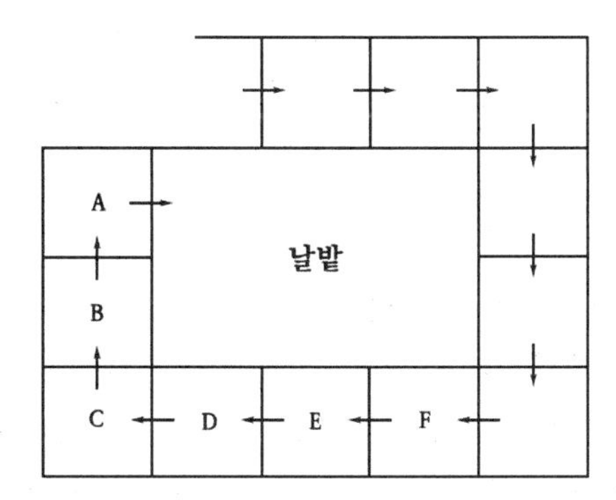

【해답】

어디나 같은 확률이다.

날밭에 가깝든 조금 멀든 A에서 F의 사이라면 마찬가지다. 날밭에 가깝다고 해서 기뻐하는 것은 덧없는 기쁨이라는 것이 된다.

1회로 날밭에 들 수 있는 확률은 확실히 1/6이고 어느 장소도 마찬가지다. 1회째에 날밭에 들지 못했다고 하면 역시 A에서 F까지의 어딘가에 있는 것이므로 다음에 날밭에 들 수 있는 것은 어디이든 같은 확률 1/6이 된다. 이하 몇 회째에 날밭에 든다 해도 확률은 어디나 같아진다.

정확히는 수학적 귀납법으로 증명하는 것일 것이다. 장소가 A에서 F의 어디이든 n회째까지에 날밭에 들 수 없는 확률은 $5^n/6^n$이고 n회째에 가까스로 날밭에 들 수 있는 확률은 $5^{n-1}/6^n$이라는 것이 성립한다. 이러한 것을 증명해 보자.

n=1일 때 옳다는 것을 알 수 있다.

n<k일 때 위의 성질이 옳다고 하여 n=k일 때를 생각해 보자.

k-1회까지 날밭에 들 수 없는 확률은 $5^{k-1}/6^{k-1}$이다. 이때 A에서 F까지의 어딘가에 있으므로 k회째에 가까스로 날밭에 들 수 있는 확률은 어느 장소에 있어도 1/6이고 k회째에도 날밭에 들 수 없는 확률은 5/6이다. 따라서

k회째에 날밭에 들 수 있는 확률은 $\frac{5^{k-1}}{6^{k-1}} \times \frac{1}{6} = \frac{5^{k-1}}{6^k}$

k회째까지 날밭에 들 수 없는 확률은

$\frac{5^{k-1}}{6^{k-1}} \times \frac{5}{6} = \frac{5^k}{6^k}$가 되어 증명은 끝난다.

【문제 48】 생일의 일치

"50명 학급 안에 생일이 같은 사람 2명이 있을 수 있을까? 내기를 한다 하고 있다는 쪽에 거는가, 없다는 쪽에 거는가? 만일 자네라면 어느 쪽에 걸까?"

"잠깐 기다려주게, 생각해 보자. 저 2명의 생일이 우연히 일치하는 확률 말이지. 응, 50/365 대충 1/7 아닌가. 나는 없는 쪽으로 걸고 싶네. 그러나 이것으로 내기에서 져줄 상대는 우선 없을 거야."

과연 그러할까?

【해답】

97%까지 같은 생일의 사람이 있다.

2명의 생일이 일치하지 않는 쪽의 확률을 구하고 그것을 1에서 빼면 된다.

2번째의 사람이 1번째의 사람과 일치하지 않는 확률은 364/365이다. 3번째의 사람이 1번째의 사람과도 2번째의 사람과도 일치하지 않는 확률은 363/335가 된다. 그래서 인원수가 3명의 경우 그 안에 생일이 일치한 사람이 없는 확률은

$$\frac{364}{365}\times\frac{363}{365}=0.9918$$

이 되고 3명 중에 생일이 일치한 사람이 있는 확률은

1-0.9918=0.0082

가 된다.

50명 중에 생일이 같은 사람이 1조도 없는 확률은

$$\frac{364}{365}\times\frac{363}{365}\times\cdots\cdots\times\frac{316}{365}=0.0296$$

그래서 50명 중에 생일이 같은 사람이 있는 확률은

1-0.0296=0.9704

가 된다.

인원수 n명 중에 생일이 같은 사람이 있는 확률의 표를 만들어 두자.

n	5	10	15	20	25
확률	0.0271	0.1169	0.2529	0.4114	0.5687
n	30	35	40	45	50
확률	0.7063	0.8144	0.8912	0.9410	0.9704

【문제 49】 짝수냐 홀수냐

바둑을 둘 때 상대방에게 몇 개의 바둑돌을 쥐게 하여 돌의 수가 짝수인지 홀수인지를 자기가 맞춤으로써 선수냐 후수냐를 정한다. 예컨대 '짝수 선'이라 말했을 때 상대방이 쥔 돌의 수가 짝수라면 자기가 선수, 만일 홀수였다면 자기는 후수가 된다. '홀수 선'이라 말했을 때는 그 반대가 된다.

무의식적으로 바둑돌을 끄집어냈을 때 그 돌이 짝수가 되는 일이 많을까, 홀수가 되는 일이 많을까?

【해답】

홀수가 되는 쪽이 약간 많다.

짝수가 되는 것도 홀수가 되는 것도 같다고 생각하는 것은 아닌지. 실은 홀수 쪽이 많은 것은 0개 끄집어내는 경우를 금지하고 있는 것에 원인이 있다.

먼저 바둑알 통 속에 n개 바둑돌이 들어가 있는 것으로 한다. 그 가운데서 r개의 돌을 끄집어내는 방법은 전부해서 ${}_nC_r$가지이므로 바둑돌을 끄집어내는 방법의 수는 전부 해서

$$N={}_nC_1+{}_nC_2+\cdots+{}_nC_n$$

가지 있다. 그중 짝수개 및 홀수개의 돌을 끄집어내는 방법의 수를 각각 A 및 B라 하면

$$A={}_nC_2+{}_nC_4+{}_nC_6\ +\cdots,\ B={}_nC_1+{}_nC_3+{}_nC_5\cdots$$

가 된다. 여기서 $N=2^n-1$, $A=2^{n-1}-1$, $B=2^{n-1}$이 되는 것을 증명하자. 이를 위해 '바둑판무늬의 코스'의 부분에서 언급한 $(a+b)^n$의 전개식을 이용한다.

$$(a+b)^n={}_nC_0a^n+{}_nC_1a^{n-1}b+{}_nC_2a^{n-2}b^2+\cdots\cdots+{}_nC_ra^{n-r}b^r+\cdots\cdots+{}_nC_nb^n$$

이므로 $a=b=1$이라 하면

$$2^n={}_nC_o+{}_nC_1+\cdots\cdots+{}_nC_n=1+N$$

또 $a=1$, $b=-1$이라 하면

$$0={}_nC_o-{}_nC_1+{}_nC_2-{}_nC_3\cdots\cdots$$

$$1+A=B=2^{n-1}$$

그러므로 짝수 및 홀수가 되는 확률은 각각

$$\frac{A}{N}=\frac{2^{n-1}}{2^{n-1}},\ \frac{B}{N}=\frac{2^{n-1}}{2^n-1}$$

이 되어 홀수가 되는 확률 쪽이 약간 많다.

【티 코너】 (7)

28. A가 주사위를 흔들어 던지고 다음으로 B가 주사위를 흔들어 던졌다. A가 낸 끗수 쪽이 B보다 큰 확률은 얼마일까?
29. 정확한(즉 앞면과 뒷면이 같은 비율로 나오는) 동전을 던져서 앞면이 나오면 0, 뒷면이 나오면 1을 기록하는 것으로 하면 0과 1이 완전히 무작위(無作僞)인 열을 만들 수 있다. 그러면 왜 나막신을 던져서 완전히 무작위의 0과 1인 열을 만들 수 있을까?
30. 어떤 군국주의 나라에 대한 이야기이다. 전투요원이 되는 남성의 인원수를 증가시키려고 하여 다음의 공고를 냈다.
 '사내아이를 낳은 자는 다음 아이의 출산을 허용하지만, 여자아이를 낳은 자는 그 이후 아이의 출산을 금지한다'라는 것이다. 이에 따라 과연 남성의 수는 증가하는 것일까?
31. 다음은 어느 잡지에 나와 있었던 일이라 한다.
 '어느 대도시의 경찰이 밤에 교통사고로 사망한 보행자의 복장을 조사하였더니 희생자 중 대충 4/5는 검은 옷을 입고 있었고 1/5이 밝은색의 복장이었다. 이 조사로부터 날이 저물면 보행자는 흰 복장을 하든가, 손에 무언가 흰 것을 들어 운전자가 쉽게 분간할 수 있도록 하면 교통사고를 당하는 비율도 낮아진다고 할 수 있다'
 그러면 이 기사에서 언급하고 있는 것은 정말일까?

【해답】

28. 주사위를 2개 흔들어 던져서 한쪽이 다른 쪽보다 큰 끗수가 나오는 확률은 1에서 같은 끗수가 나오는 확률 1/6을 뺀 나머지 5/6이다. A가 흔들어 던진 주사위의 끗수 쪽이 B가 흔들어 던진 주사위의 끗수보다 큰 확률은 그 절반이므로 5/12이다(가드너 『수학 게임』에 있다).
29. 왜나막신을 던졌을 때 왜나막신이 가로로 되거나 하는 경우는 무시하고 앞면이나 뒷면이 나왔을 때만 생각한다. 이들을 2개씩 조로 만들면 앞앞, 앞뒤, 뒤앞, 뒤뒤의 4종류의 조를 만들 수 있다. 여기서도 앞앞이나 뒤뒤를 무시하고 앞뒤 때에 0을 뒤 앞일 때에 1을 대응시키면 0과 1의 랜덤한(무작위의) 열이 만들어진다.
30. 한 번도 아이를 낳은 일이 없는 사람으로서 사내아이가 탄생하는가, 여자아이가 탄생하는가는 반반이다. 거듭 사내아이를 낳은 사람이 다음에 아이를 낳는다고 해서 그 아이가 남자인가 여자인가는 역시 반반이다. 따라서 이러한 공고가 지켜졌다 해도 태어나는 남녀의 비율은 항상 1:1이다.
31. 흰옷을 입고 있는 사람의 사고율과 검은 옷을 입고 있는 사람의 사고율을 비교하지 않는 한 이러한 결론은 내릴 수 없다. 이 통계에서 알 수 있는 것은 어두운 밤길을 걷고 있는 사람 가운데 적어도 4/5는 검은 옷을 입고 있다는 것이다. 검은 옷을 입고 있는 사람이 많으므로 사고를 당하는 비율이 높은 것은 당연하다(이 문제는 하프 『확률의 세계』 속에 나와 있다).

Ⅷ. 논리의 퍼즐

퍼즐이나 수학의 문제를 생각할 때 그 밑바탕에는 논리적 추론이 가로놓여 있다. 이 장의 문제는 수식을 너무 사용하지 않고 이 논리적 추론만을 사용해서 직접 풀리는 것을 모았다. 또 논리적 표현의 기호화에 대해서도 조금만 언급해 두었다.

매직 코너 (4)

〈매직 카드〉 0에서 15까지의 수를 적어 넣은 오른쪽과 같은 수의 카드와 8개의 구멍(빗금의 부분)이 뚫린 아래와 같은 4종류의 카드를 준비한다. 먼저 수의 카드를 상대방에게 보여주어 어느 것이든 하나를 외우게 한다.

0	9	6	15
11	14	1	4
7	2	13	8
12	5	10	3

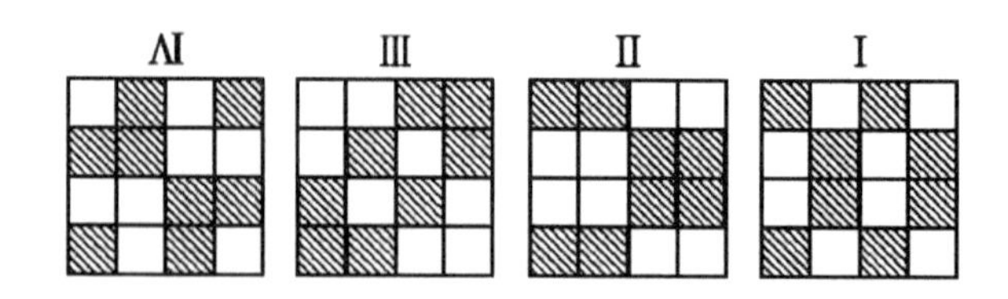

다음으로 Ⅰ의 카드를 수의 카드의 위에(카드의 상하, 앞면과 뒷면을 다르게 하지 말고) 포개서 카드의 구멍을 통해서 보이는 것 중에 기억하고 있는 수가 있는지 없는지를 묻는다. '있다'라 말하면 그 카드를 그대로의 방향으로 앞에 놓고 '없다'라 말하면 그 카드를 책의 페이지를 넘기는 것처럼 뒤집어서(뒷면이 표면으로 나오고 상하는 바꾸지 않고) 앞에 놓는다. 이번에는 Ⅰ의 카드를 수의 카드 위에 포개고 마찬가지의 것을 묻는다. '있다'라고 말하면 그 카드를 그대로의 방향으로 앞에서의 Ⅰ의 카드 위에 포개고 '없다'라 말하면 뒤집어서 Ⅰ의 카드 위에 포갠다. Ⅲ이나 Ⅳ의 카드에 대해서도 마찬가지의 것을 한다. 마지막으로 포갠 4매의 카드를 수의 카드 위에 포개면 불가사의하게도 상대방이 기억하고 있었던 수가 구멍을 통해서 보인다.

말의 기호화

일상의 말로 언급된 논리적 표현을 기호를 사용해서 고쳐 적어 보면 지금까지 애매한 형태로밖에는 알아차리지 못했던 논리적 내용을 보다 명료하게 포착할 수 있다. 그 때문에 논리적 표현의 기호화에 대한 이야기를 하겠다.

여기서 다루는 문장(명제)은 옳은가 옳지 않은가, 진실인가 거짓인가의 2개의 경우밖에 생각하지 않는 것으로 한다. 즉 2치(値) 논리라 일컬어지는 것만을 생각하고 있는 것이다. 여기서 참인 명제에 수 1을 대응시키고 거짓인 명제에 수 0을 대응시킨다. 이와 같이 연구하고 싶은 명제의 세계를, 잘 알려져 있는 수의 세계(그것도 0과 1만의 세계)에 대응시켜 수의 세계의 성질을 조사함으로써 반대로 명제의 세계의 상황을 알려고 하는 심산인 것이다.

부정확하지만, 편리를 위해 명제와 그것에 대응하고 있는 수를 혼동해서 사용하기로 한다. 즉

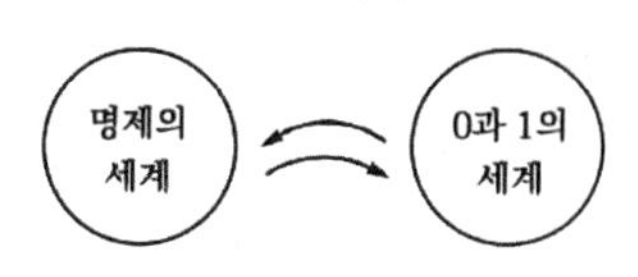

명제 α가 참이라는 것을 $\alpha=1$이라 간주하고

명제 α가 거짓이라는 것을 $\alpha=0$이라 간주한다.

는 것으로 하는 것이다.

α와 β가 모두 명제일 때 'α 동시에 β'라는 새로운 명제를 기 $\alpha\&\beta$라 적는다. 일상적인 '동시에'라든가 '그리고'라는 말의 의미로부터 생각해서 α와 β의 양쪽 모두가 옳을 때만 $\alpha\&\beta$는 옳아야 할 것이므로

$\alpha=1$이고 $\beta=1$일 때, $\alpha\&\beta=1$

그것 이외일 때 $\alpha\&\beta=0$

이라 생각할 수 있다. 즉

$1\&1=1,\ 1\&0=0,\ 0\&1=0,\ 0\&0=0$

으로 되어 있다. 이러한 것으로부터 생각하면 &는 곱셈이라 생각하면 될 것이다. 그 때문에 $\alpha\&\beta$를 $\alpha\cdot\beta$라 적거나 거듭 생략해서 $\alpha\beta$라 적는 일도 있다.

(1) $\alpha\cdot 1=1\cdot\alpha=\alpha$

(2) $\alpha\cdot 0=0\cdot\alpha=0$

(3) $a\cdot\beta=\beta\cdot a$ (교환률)

(4) $a(\beta\alpha)=(\alpha\beta)\gamma$ (결합률)

또 여기서 생각하는 수는 0과 1뿐이므로

(5) $\alpha\cdot\alpha=\alpha$ (멱등률)

도 성립하고 있다.

다음으로 논리적인 말로서 '또는'이 있다. 즉 'α나 β의 적어도 한쪽이 성립한다'라는 것을 생략해서 'α 또는β'라 하는 것으로 하여 기호적으로 $\alpha\vee\beta$라 적는다(일상적으로는 'α 또는 β'를 α나 β의 한쪽만이 성립한다'라는 의미로 사용하는 일도 있으나 그때에는 기호적으로 $\alpha\veebar\beta$라 적는다). 바꿔 말하면 α와 β의 양쪽이 성립하고 있지 않을 때만 $\alpha\vee\beta$는 성립하지 않는다고 할 수 있다. 즉

$\alpha=0$이고 $\beta=0$일 때, $\alpha\vee\beta=0$

그것 이외일 때 $\alpha\vee\beta=1$

이 되므로

$0\vee 0=0,\ 1\vee 0=1,\ 0\vee 1=1,\ 1\vee 1=1$

로 되어 있다. 이것을 수로서 계산하려면

$\alpha\vee\beta=\alpha+\beta-\alpha\beta$

라 하여 보면 잘 맞는 것을 알 수 있을 것이다.

(1*) $\alpha \vee 0 = 0 \vee \alpha = \alpha$

(2*) $\alpha \vee 1 = 1 \vee \alpha = 1$

(3*) $\alpha \vee \beta = \beta \vee \alpha$ (교환율)

(4*) $\alpha \vee (\beta \vee \gamma) = (\alpha \vee \beta) \vee \gamma$ (결합률)

(5*) $\alpha \vee \alpha = \alpha$ (멱등률)

라는 성질이 성립한다. 또

(6) $\alpha(\beta \vee \gamma) = \alpha\beta \vee \alpha\gamma$

(6*) $\alpha \vee \beta\gamma = (\alpha \vee \beta)(\alpha\gamma)$ } (분배율)

(7) $\alpha(\alpha \vee \beta) = \alpha$

(7*) $\alpha \vee \beta\gamma = \alpha$ } (흡수율)

등도 성립하지만 (6*)만을 증명해 보이자.

$(\alpha \vee \beta)(\alpha \vee \gamma) = (\alpha + \beta - \alpha\beta)(\alpha + \gamma - \alpha\gamma)$

$= \alpha + \alpha\gamma - \alpha\gamma + \alpha\beta + \beta\gamma - \alpha\beta\gamma - \alpha\beta - \alpha\beta\gamma + \alpha\beta\gamma$

$= \alpha + \beta\gamma - \alpha\beta\gamma = \alpha \vee \beta\gamma$

이와 같이 $\alpha \vee \beta$를 수의 세계의 형태 $\alpha + \beta - \alpha\beta$로 고치고 나머지는 수의 성질과 $\alpha\alpha = \alpha$와를 사용해서 변형한다. 마지막으로 다시 명제 쪽으로 고쳐 두면 되는 것이다.

다음은 부정이다. 'α가 아니다'라는 말을 기호적으로 $\overline{\alpha}$라 적는다. 이 '아니다'의 말의 의미로부터 $\overline{\alpha}$가 옳으면 $\overline{\alpha}$는 옳지 않고 $\overline{\alpha}$가 옳지 않으면 $\overline{\alpha}$는 옳은 것이 되므로

$\alpha = 1$일 때 $\overline{\alpha} = 0$

$\alpha = 0$일 때 $\overline{\alpha} = 1$

이라는 것을 알 수 있다. 따라서

$\overline{\alpha}=1-\alpha$

라 생각하여 수의 계산을 하면 되는 것이다.

(8) $\overline{1}=0,\ \overline{0}=1$

(9) $\overline{\overline{\alpha}}=\alpha$ (이중부정률)

(10) $\alpha\overline{\alpha}=0$ (모순율)

(10*) $\alpha\vee\overline{\alpha}=1$ (배중률)

(11) $\overline{\alpha\cdot\beta}=\overline{\alpha}\vee\overline{\beta}$

(11*) $\overline{\alpha\vee\beta}=\overline{\alpha}\cdot\overline{\beta}$

(드 모르간율)

등의 성질이 성립한다. 여기서는 (11)만의 증명을 해두자.

$\overline{\alpha}\vee\overline{\beta}=\overline{\alpha}+\overline{\beta}-\overline{\alpha}\cdot\overline{\beta}=1-\alpha+1-\beta-(1-\alpha)(1-\beta)$

$=1-\alpha+1-\beta-1+\beta+\alpha-\alpha\beta$

$=1-\alpha\beta=\overline{\alpha\cdot\beta}$

많은 공식만을 보였는데 퍼즐에의 응용하여 논리기호에 익숙해졌으면 한다.

예제 32. A, B,……, I의 9명이 목청 자랑대회에 참가하였다. 그리고 1명만이 종을 세 번 울렸다. 누가 세 번 울렸는가를 순번으로 물었더니 다음과 같은 대답을 하였다.

A: “세 번 울린 것은 E입니다.”

B: “아니요, E와는 다릅니다.”

C: “나입니다.”

D: “C나 H의 어느 쪽인가 입니다.”

E: “나입니다.”

F: “C입니다.”

G: “아니요, C는 아닙니다.”

H: “C도 나도 아닙니다.”

I: “H가 말한 것은 정말입니다.”

나중에 알았던 것이지만 이들의 대답 가운데 진실을 말한 것은 3명뿐이고 그 밖은 모두 거짓말을 한 것이었다. 그러면 누가 종을 울린 것일까? 또 진실을 말한 것은 누구와 누구일까?

‘종을 세 번 울린 것은 C입니다, E입니다, H입니다’라는 명제를 각각 α, β, γ라 하면 9명이 말한 말은 각각 다음의 표처럼 된다.

사람	A	B	C	D	E	F	G	H	I
말	β	$\overline{\beta}$	α	$\alpha \vee \gamma$	β	α	$\overline{\alpha}$	$\overline{\alpha}\,\overline{\gamma}$	$\overline{\alpha}\,\overline{\gamma}$

그런데 (11＊)로부터 $\overline{\alpha \vee \gamma} = \overline{\alpha} \cdot \overline{\gamma}$이므로 A, B, E와 C, F, G와 D, H, I의 3그룹 중에서 각각 1명씩 진실을 말한 것이 된다. 따라서 $\overline{\beta} = \overline{\alpha} = \alpha \vee \gamma = 1$이 되므로 $\alpha = \beta = 0$, $\gamma = 1$. 즉 종을 울린 것은 H이고 진실을 말한 것은 B, D, G이다.

예제 33. 경장은 A, B, C 3명의 용의자로부터 다음과 같은 진술을 들었다.

A: "나는 그러한 일을 하지 않고 B일지라도 그러한 짓을 하지 않아요."

B: "내가 그러한 일을 할 이유가 없겠지요. C도 결백해요."

C: "나는 하지 않았어요. 누가 했는지 나는 모릅니다."

용의자 중 하나는 진실을 말하고 하나는 거짓 진술을 한 것을 알았다. 경장은 누구를 체포하였을까?

이 문제는 버트위슬의 책 『퍼즐로 이야기하는 새로운 수학』 속에 나오는 것인데 거기서는 '이 사건은 단독범행이었다'라는 조건이 여분으로 붙어 있었으나 실은 이 조건은 필요 없으므로 제외시켰다.

A, B, C가 범인이라는 명제를 각각 α, β, γ라 하고 C는 범인을 알고 있다는 명제를 크라 한다. A의 진술은 $\bar{\alpha}$와 $\bar{\beta}$의 2개인데 그 가운데 한쪽은 옳고 다른 한쪽은 옳지 않은 것이므로 $\bar{\alpha}=\beta$라 적을 수 있다. 마찬가지로 B의 진술로부터 $\beta=\bar{\gamma}$가 성립하고 C의 진술로부터 $\bar{\gamma}=\delta$가 성립한다($\bar{\alpha}=\beta=\bar{\gamma}=\delta$).

그런데 $\gamma=1$이라 하면 C의 진술로부터 $\delta=0$이다. 다른 한편 $\gamma=1$이란 C가 범인이라는 것이므로 당연히 C는 범인을 알고 있는 것이 되어 $\delta=1$이다. 이것은 불합리하므로 $\gamma=0$이 아니면 안 된다(여기서 배리법이 사용되고 있다).

$\delta=1, \ \beta=1, \ \alpha=0$

이러한 것으로부터 B의 범행이라는 것을 알 수 있다.

【문제 50】 지혜를 겨루다

3명의 현인(賢人)이 있었다. 누구나가 자기가 가장 머리가 좋다고 말하고 양보하지 않으므로 임금님은 다음과 같은 테스트를 하기로 하였다.

'3명의 이마에 흑색이나 백색의 마크를 붙인다. 서로 다른 사람의 이마에 붙은 마크는 보이지만 자기의 이마에 붙은 마크는 보이지 않는다. 적어도 1명에게는 흑색의 마크를 붙이므로 자기의 이마에 흑색의 마크가 붙어 있다고 생각하는 사람은 그 자리에서 바로 손을 들도록 할 것. 물론 거울을 보는 것도 목소리를 내는 것도 허용하지 않는다'

이 임금님, 짓궂게도 전원의 이마에 흑색의 마크를 붙인 것이다. 그런데 3명의 현인은 잠시 생각하고 있었는데 3명이 동시에 손을 들었다. 어째서일까?

【해답】

각자 다음과 같이 생각하였을 것이다.

3명을 A, B, C라 한다. A가 어떻게 생각하였는가를 생각해 보자.

만일 자기(A)의 이마에 백색의 마크가 붙어 있었다고 하자. 그러면 B는 이 백색의 마크와 C의 흑색의 마크를 보면서 이렇게 생각할 것임에 틀림없다. '자기(B)의 이마에 백색이 붙어 있다면 A와 자기(B)가 백색이므로 C는 자기의 이마에 흑색이 붙어 있는 것을 바로 알아차릴 것이다. 그런데 C가 손을 들지 않는 것을 보니 자기(B)의 이마의 마크는 백색이 아니고 흑색이어야 할 것이다' 그렇게 판단해서 B는 손을 들 것임에 틀림없다. 그런데 저 현명한 B가 손을 들지 않는 것을 보니 자기의 이마의 마크는 백색이 아니고 흑색이라는 것이 된다.

이와 같이 생각해서 A는 손을 든 것이다. B도 C도 마찬가지 사고를 거쳐 손을 든 것이다.

실은 A는 B와 C의 이마의 흑색 마크를 보고 바로 손을 들었다고 해도 된다. 만일 자기의 이마가 백색이었다 해도 얼마든지 발뺌할 수 있다(핑계는 나중에 댄다).

"B나 C는 머리가 나쁘지 않은가. 나의 이마가 백색이라면 자기의 이마는 흑색이라는 정도는 바로 알 만한 것이다. B로서는 만일 자기(B)의 이마가 백색이라면 C는 바로 손을 들 것이다. C가 손을 들지 않는 것을 보니 자기(B)의 이마는 흑색이라는 정도는 생각해도 좋을 법한 것이 아닌가. 나는 거기까지 생각해서 손을 든 것이야."

【문제 51】 바람기가 있는 아내

아라비아의 어느 마을에서 유부녀가 바람을 피우는 것이 소문났다. 무척 작은 마을이기 때문에 그 소문은 마을 안에 퍼져 남편 이외는 다른 사람의 아내가 바람을 피우는 것을 잘 알고 있었다. '모르는 것은 남편뿐이다'라는 것이다. 보다 못한 그 마을의 읍장은 '아내가 바람피우는 것을 방치하는 남자는 처벌한다. 바람피우는 확증을 잡으면 그날 중에 이혼하라'라는 공고를 냈다.

그 이후 정숙(貞淑)을 지키고 있었으나 40명의 바람기 있는 여인들은 공고가 나와서부터 40일째에 전원 이혼을 당했다는 것이다.

도대체 어찌 된 일일까?

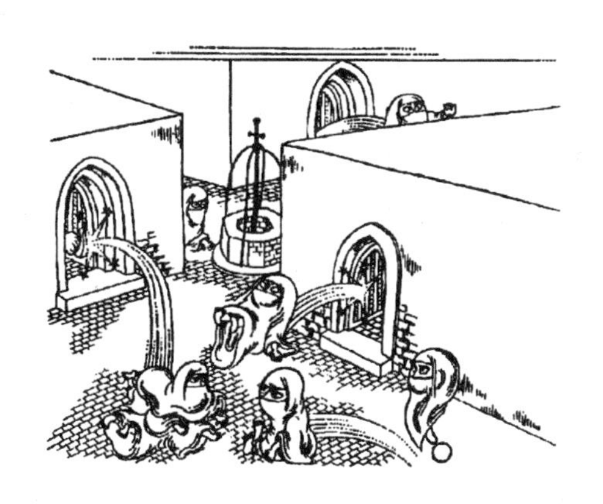

【해답】

바람기 있는 여자가 n명 있으면 제n일째에 전원 이혼 당한다.

수학적 귀납법으로 증명한다.

n=1이라 한다. 즉 바람기 있는 여자가 1명이라면 그 바람기 있는 여자의 남편은 자기의 아내도 포함해서 이 마을의 아내들은 모두 정숙하다고 믿고 있었을 것이다. 그런데 읍장의 공고가 나왔다는 것은 이 마을에 바람기 있는 여자가 있었다는 것이 된다. 다른 사람의 유부녀의 소문은 충분히 알고 있으므로 '모르는 것은 남편뿐이다'였는가라 하여 제1일째에 아내와 이혼하게 된다.

n=k일 때 k명의 바람기 있는 여자가 있을 때는 제k일째에 전원 이혼 당한다는 것은 알고 있다고 하자.

n=k+1일 때 바람기 있는 여자의 어느 남편도 자기의 아내 이외의 k명의 바람기 있는 아내가 있다는 것은 잘 알고 있다. 그런데 제k일째에 누구도 이혼당하지 않은 것이다. 만일 바람기 있는 아내가 k명이라면 귀납법의 가정으로부터 제k일째에 전원 이혼당해야 할 것이다. 이러한 것은 바람기 있는 아내는 k+1명 있는 것이 된다. 따라서 마지막 1명은 자기의 아내이지 않으면 안 된다. 이와 같이 하여 바람기 있는 아내의 각 남편은 제k+1일째에 아내와 이혼하게 된다.

여기서의 요점은 '이 마을에 바람기 있는 아내가 있다', '모르는 것은 남편뿐이다'와 '어느 남편도 머리가 좋다'라는 세 가지를 인정하는 것이다.

이 문제는 가모프 등이 지은 『수는 마술사』 속에 나와 있다.

【문제 52】 적색과 백색의 모자

빨간 모자 3개와 흰 모자 2개가 있다. 앞을 향해서 1열로 늘어서 있는 A, B, C 3명에게 그들 모자 중의 3개의 모자를 씌웠다. 자기보다 앞에 있는 사람이 어떤 색깔의 모자를 쓰고 있는지는 보이지만 자기나 자기보다 뒤의 사람이 어떤 색깔인지는 알 수 없다.

"당신은 어떤 색깔의 모자를 쓰고 있는지 알고 있습니까?"라고 물어보았다.

가장 뒤의 C는 "모릅니다."라 대답하였다. 다음으로 한가운데의 B도 잠시 생각하고 나서 "나도 모릅니다"라 대답했다. 두 사람의 대답을 듣고 있던 A는 '아아'라는 표정으로 "알았습니다. 색깔은 —"이라고 대답했다.

A는 어떤 색깔의 모자를 쓰고 있었을까?

【해답】

빨강이다.

A는 다음과 같이 생각했을 것이다.

C가 '모릅니다'라 대답한 것은 자기(A)와 B가 2명 모두 같은 흰 모자를 쓰고 있지 않았기 때문일 것이다(아래의 표의 ①의 경우가 아니기 때문이다). 이러한 것을 알고 있는 B도 '모릅니다'라 말한 것은 자기(A)가 빨강을 쓰고 있었기 때문임에 틀림없다. 왜냐하면 만일 자기가 하양을 쓰고 있었다면(①, ②, ③의 경우라고 하면) C의 답으로부터 B로서는 자기(B)의 모자가 빨강이라는 것을 알 수 있다(①이 아니므로 ②나 ③이 되어 B는 빨강이다). 그런데 저 현명한 B가 '모릅니다'라고 말한 것이므로 자기(A)는 하양이 아니다. 따라서 자기(A)는 빨강을 쓰고 있어야 할 것이다.

	①	②	③	④	⑤	⑥	⑦
A	백	백	백	적	적	적	적
B	백	적	적	백	백	적	적
C	적	백	적	백	적	백	적
	×	×	×				

이 퍼즐은 빨간 모자 n개 이상, 흰 모자 n-1개, 인원수가 n명의 경우에도 확장된다. 가장 뒤의 사람으로부터 차례로 모두 '모릅니다'라 대답하였다고 하면 가장 앞의 사람은 빨강이다'라는 것을 알 수 있다. 디글레이지아의 『수의 퍼즐은 재미있다』 속에 나와 있다.

【문제 53】 거짓말쟁이 모임

언제나 거짓말을 한다는 '거짓말쟁이 모임'이 있다. 그래서 A, B, C의 세 사람에게 누가 거짓말쟁이 모임의 회원인가를 묻기로 하였다.

(1) A씨에게 "B씨는 회원입니까?"라고 물었더니 "아니요, B씨는 회원이 아닙니다"라는 대답이었다.

(2) 다음으로 B씨에게 "C씨는 회원입니까?"라고 물었더니 "네, C씨는 회원입니다"라고 대답하였다.

그러면 이것만으로 C씨에게 "A씨는 회원입니까?"라 물었을 때의 대답을 알게 된다는 것이다. C씨는 뭐라 대답할 것인가?

그런데 거짓말쟁이 모임의 회원은 언제나 거짓말을 하고 회원 이외는 언제나 진실을 말하는 것으로 한다.

【해답】

"A씨는 회원입니다."라고 말할 것이다.

A가 회원이라고 하면 A가 한 말은 거짓말이므로 B는 회원이라는 것이 되고 B의 말도 거짓말이 된다. 그래서 C는 회원이 아니라는 것을 알 수 있다. 그러면 C는 진실을 말하는 것이므로 "A씨는 회원입니다"라고 대답하게 된다.

다음으로 A가 회원이 아니라고 하자. 그러면 A의 말은 올바른 것이므로 B도 회원이 아니다. 그래서 B의 말도 올바른 것이 된다. 따라서 C는 회원이다. 그렇게 하면 C는 언제나 거짓말을 하기 때문에 C는 "A씨는 회원입니다"라고 말할 것이다.

어느 쪽이든 C는 "A씨는 회원입니다"라고 대답하게 된다.

온갖 사람을 회원이냐 비회원이냐의 2개의 그룹(정직 그룹과 거짓말쟁이 그룹)으로 나눈다. 그러면 같은 그룹에 속하고 있는 두 사람은 서로 상대방은 회원이 아니라고 말할 것이다. 또 반대의 그룹에 속하고 있는 두 사람의 경우 서로 상대방은 회원이라 말하게 된다. 이러한 것으로부터 (1)로써 A와 B는 같은 그룹에 속하고 있음을 알 수 있고 (2)로써 B와 C는 반대의 그룹에 속하고 있음을 알 수 있다. 따라서 A와 C는 반대의 그룹에 속하고 있는 것이므로 C는 항상 "A는 회원입니다"라고 대답할 것이다.

【문제 54】 1000만 원의 행운은?

김 씨, 박 씨, 최 씨 세 부부는 어느 날 밤 친구 집에 초대되었다. 환담을 할 때 6명 중의 1명이 전번의 1000만 원 복권에 당첨된 것을 알았다. 다음의 여섯 가지 열쇠로부터 누가 그 행운에 당첨되었는가를 찾아내어라.

⑴ 당첨자의 배우자는 그날 밤 트럼프 놀이에서 졌다.

⑵ 김 씨는 목하 요양 중이므로 운동은 할 수 없다.

⑶ 박 씨 부인과 또 한 사람의 부인은 그날 밤 줄곧 잡담만 하고 있었다.

⑷ 박 씨는 최 씨 부인에게 그날 밤 처음으로 소개되었다.

⑸ 김 씨는 트럼프놀이에서 이기고 김 씨 부인은 졌다.

⑹ 박 씨는 전날 당첨자와 골프를 쳤다.

【해답】

박 씨 부인이다.

김 씨, 박 씨, 최 씨를 각각 A, B, C라 하고 김 씨 부인, 박 씨 부인, 최 씨 부인을 각각 a, b, c라 하자. 거듭 1000만 원 복권의 당첨자를 x라 하고 그 배우자를 x′라 적는다.

'……는 그날 밤 트럼프 놀이를 하였다'를 T(……)

'……는 그날 밤 트럼프 놀이에서 이겼다'를 V(……)

'……는 전날 스포츠를 하였다'를 S(……)

'박 씨는 전날까지 ……를 알고 있었다'를 W(……)

라 적기로 하면 문제의 (1)에서 (6)까지는

(1) T(x′), $\overline{V(x')}$ (2) $\overline{S(A)}$

(3) $\overline{T(b)}$, $\overline{T(a)} \vee \overline{T(c)}$ (4) $\overline{W(c)}$

(5) T(A), V(A), T(a), $\overline{T(a)}$

(6) W(x) S(B), S(x)

라 기호화된다. 그런데 일반적으로

α(p), α(q) 라면 p≠q

가 성립하고 있다. 이것을 사용해서

S(x), $\overline{S(A)}$로부터 x≠A

T(x′), $\overline{T(b)}$로부터 x′=b.∴ x=B

V(A), $\overline{V(x')}$로부터 A≠x′ ∴ x=a

W(x), $\overline{W(c)}$로부터 x≠c

또 $\overline{T(a)} \vee \overline{T(c)}$와 $\overline{T(a)}$로부터 T(c)가 성립한다.

T(x′), $\overline{T(c)}$로부터 x′≠c ∴x≠C

당첨자 X는 6명 중의 누군가이므로 x는 나머지의 b라는 것이 된다. 〔소거법〕

【문제 55】 정직한 지장보살과 거짓말쟁이 지장보살

인간은 누구나 죽으며, 지옥이나 극락 어느 쪽인가로 간다. 죽음의 여로 도중에 지옥과 극락의 갈림길이 있고 거기에는 지장보살이 있다고 하자.

지장보살에게 어느 쪽이 극락으로 가는 길인가를 물을 수는 있으나 단지 1회밖에 물을 수 없는 규정이 있다. 게다가 지장보살의 대답은 고개를 끄덕이거나 고개를 옆으로 흔들거나 하든가의 어느 쪽인가 뿐이라 한다. 더구나 곤란한 것은 지장보살은 정직한 지장보살(언제나 바르게 대답하는 지장보살)인지, 거짓말쟁이 지장보살인지 보는 것만으로는 알 수 없다. 어떻게 물으면 극락으로 가는 길을 알 수 있을까?

【해답】

"왼쪽의 길이 극락으로 가는 길입니까 라는 질문을 받았을 때 당신이라면 고개를 끄덕입니까?"라고 묻는다.

'왼쪽의 길은 극락으로 가는 길이다'라는 명제를 α라 하자. 그런데 바람직한 대답은 α가 올바를 때 고개를 끄덕여(Yes라 대답하여) 주고 α가 올바르지 않을 때 고개를 옆으로 흔들어(No라 대답하여) 주면 되는 것이다. 'α는 올바른가'라 물었을 때의 대답을 표로 만들어 보자.

	지장보살	α	바람직한 대답	'α는 올바른가'의 대답
(1)	정직	올바르다	Yes	Yes
(2)	정직	올바르지 않다	No	No
(3)	거짓말쟁이	올바르다	Yes	No
(4)	거짓말쟁이	올바르지 않다	No	Yes

이 표에서 보면 정직한 지장보살의 경우는 바람직한 대답과 'α는 올바른가'라고 질문을 받았을 때의 대답은 일치하고 있으나 거짓말쟁이 지장보살의 경우는 일치하지 않고 정확히 반대로 되어 있다. 그래서 거짓말쟁이 지장보살에게 더 한 번 거짓말을 하게 하여 원래로 되돌리는 질문을 하면 된다. "당신이라면 Yes라고 대답하지요?"라 물으면 거짓말쟁이 지장보살은 Yes라고 대답해야 할 때에 No라 대답하고 No라 대답하는 경우에 Yes라 대답하여 알맞게 잘 된다. 즉 "α는 올바른가라고 질문을 받았을 때의 당신의 대답은 Yes입니까?"라고 질문하면 된다.

【문제 56】 묘한 대우

'공부해라'라는 말을 듣고 가까스로 공부에 착수하는 것 같은 어린이를 향해서 흔히

"너는 야단맞지 않으면 공부를 하지 않는군."이라 말한다. 이것을 '한다면'을 사용해서 바꿔 말하면

'야단맞지 않는다면 공부하지 않는다'가 된다. 그런데 이 대우(對偶)를 생각해 보면

'공부한다면 야단 맞는다'

가 돼서 묘한 것이 된다. 어째서일까?

【해답】

대우를 잡을 때 시간적 요소를 무시하고 있는 부분에 원인이 있다.

이러한 예는 얼마든지 만들 수 있다. 배가 고프면 밥을 먹는다'—'밥을 먹지 않으면 배는 고파지지 않는다' '학생이 떠들면 기동순찰대가 온다' 기동순찰대가 오지 않으면 학생은 떠들지 않는다.'

'수업을 게을리 하면 학점을 주지 않는다'—학점을 주면 수업에 나온다'

일상 언어에서 '한다면'은 시간적 순서를 가진 인과관계로 사용되는 일이 많고 일상 언어에서의

(1) '……하면, —한다'

라는 문장의 대우를 조심성 없이 하지 않으면, ……하지 않는다'라 하면 묘한 일이 생긴다.

(1) 의 대우는

(2) '—하고 있지 않다면, 그 원인은 ……하지 않았기 때문이다'

즉 대우를 만드는 경우 전제를 현재의 상태를 나타내도록 하고 결론을 과거형으로 표현하면 된다.

'야단맞지 않으면 공부하지 않는다'—'공부하고 있다고 하면 야단맞았기 때문이다'

'배가 고프면 밥을 먹는다'—'밥을 먹지 않았다고 하면 배가 고프지 않았기 때문이다'

'학생이 떠들면 기동순찰대가 온다'—기동순찰대가 와 있지 않다고 하면 학생이 떠들지 않았기 때문이다'

【티 코너】(8)

32. 무고한데도 유치장에 들어갔다. 다음날 경찰관으로부터 "하룻밤 자는 사이에 죄를 뉘우쳤는가?"라고 질문을 받았다. 만일 "아니요"라고 대답하면 "아직도 뉘우치지 않고 있는가?"라는 말을 듣고 또 유치장 신세가 될 것 같다. "네"라고 대답한다면 죄를 인정하는 것이 된다. 어찌하면 될까?

33. 사이가 나쁜 A, B, C, D의 4명이 말다툼을 하고 있었다. 화가 난 A는 B를 향해서 "너는 거짓말쟁이다"라고 말했다. 그때 D는 A를 향해서 "너야말로 거짓말쟁이가 아닌가"라고 비난하였다. 그것을 듣고 있던 C는 "D야말로 거짓말쟁이야" 라고 말했다. 그 말이 끝날까 말까 했을 때 그 C를 향해서 B는 "너야말로 지독한 거짓말쟁이야."라고 내뱉듯이 말했다.
   이 4명 중에 거짓말쟁이는 몇 명이 있을까?

34. 수학의 학점이 나올 것 같지 않으므로 선생님께 어떻게 안 되겠습니까 하고 부탁드리러 갔더니 선생님으로부터 "내가 지금 무엇을 생각하고 있는지 자네가 맞힐 수 있다면 학점을 주겠네"라고 말씀하셨다. 마지막 기회다. 선생님이 생각하고 있는 것을 맞혀서 학점을 받자.

35. 어떤 마을의 이발사가 말하기를 "나는 이 마을의 사람들 중 자기의 수염을 깎지 않는 사람의 수염만을 전부 깎아 주기로 하고 있습니다." 그러면 이 이발사는 자신의 수염을 어떻게 할 것인가?

【해답】

32. '예'나 '아니요'의 어느 쪽인가로 대답하려 하기 때문에 난처해지는 것이다. "아무런 나쁜 짓도 하지 않았습니다."라고 무고함을 주장하면 되는 것이다.

33. 거짓말쟁이는 2명 있다. A가 거짓말쟁이일 때 C도 거짓말쟁이고 B와 D는 정직한 사람이다. 또 A가 정직한 사람이었다고 하면 B와 D가 거짓말쟁이고 C는 정직한 사람이다(〈문제 53〉 참조).

34. "선생님은 저에게 학점을 주지 않겠다고 생각하고 계시지요."라고 대답하면 된다. 만일 선생님이 생각하고 있는 것이 그대로였다고 하면 약속에 따라 학점을 받을 수 있다. 만일 선생님의 생각이 그렇지 않았다고 하면 선생님은 학점을 줄 작정이었다는 것이 된다. 어차피 순조롭게 학점을 받을 수 있다.

35. 이발사가 자기의 수염을 깎는다고 하면 자기의 수염을 깎지 않는 사람의 수염을 깎는다는 것에 반한다. 또 자기의 수염을 깎지 않는다고 하면 그러한 사람의 수염을 깎는다는 약속이므로 자기의 수염을 깎지 않으면 안 된다. 어느 쪽이든 이상하게 돼 버린다. 이와 같이 어떻게 생각해도 불합리가 나오는 것을 패러독스라 한다. 즉 이발사의 말은 패러독스이다.

IX. 여러 가지 퍼즐

퍼즐의 문제 중에는 기성의 수학의 어느 분야에 속하는지 아무래도 분명하게 분류할 수 없는 것이 포함되어 있다. 수식을 너무 사용하지 않고 사고만으로 푸는 문제 등은 수학의 한 분야로서 확정하기 어려운 것이 많은 것 같다.

이 장에서는 어느 분야에도 분류할 수 없었던 문제를 모았다. 그런 만큼 퍼즐적인 문제가 많다고 할 수 있다.

게임 코너 (5)

〈홀짝놀이의 내기〉 당신과 미스터 X와의 승부이다. 서로 '짝수'라든가 '홀수'라든가를 말을 주고받기로 하고 당신이 '짝수'라 말하고 미스터 X가 '홀수'라 말했을 때는 미스터 X의 승리이고 당신은 30원을 건네준다. 또 당신이 '홀수'라 말하고 미스터 X가 '짝수'라 말했을 때도 미스터 X에게 10원을 지불하지 않으면 안된다. 그러나 당신도 미스터 X도 같은 말을 했을 때는 당신 쪽이 20원을 받을 수 있는 약속으로 한다.

이 내기는 일견 공평한 것처럼 보인다. 왜냐하면 짝수·짝수, 홀수·홀수일 때는 20원을 받을 수 있지만 짝수·홀수일 때는 30원 지불하고 홀수·짝수일 때는 10원을 지불하는 것이다. 전체로서는

$$20+20-30-10=0$$

이 되어 차감을 한 득실은 없다.

그러나 화폐를 던질 때처럼 '짝수'와 '홀수'를 반드시 절반씩의 비율로 말한다고는 할 수 없다. 당신도 미스터 X도 작전을 짜서 '짝수'라든가 '홀수'라든가를 말할 것이다. 어떠한 작전이 좋을까.

여기서는 상세한 설명은 생략하지만, 게임의 이론에 따르면 당신은 짝수와 홀수를 3대 5의 비율로 말하는 것이 최상이다. 이때 미스터 X가 '짝수'라 말했다 해도 '홀수'라 말했다 해도 8회로 10원의 비율로 돈을 번다.

이러한 상대 미스터 X를 찾아라.

접시돌리기

몇 개의 막대기 위에서 접시를 돌리는 곡예가 있다. 그것을 힌트로 하여 만든 퍼즐인데 수학적으로 멋진 해법이 발견되고 있지 않으므로 각각에 대해서 적당히 답을 찾아내고 있는 실상이다.

예제 34. 5개의 막대기가 일직선상에 같은 간격으로 배열되어 있다. 1개의 막대기 위에서 1매의 접시를 돌리는 데에 5초 걸리지만 한번 돌린 접시를 막대기만으로 기운을 붙이는 데 2초 걸리는 것으로 한다. 또 돌린(또는 기운을 붙인) 접시는 손을 떼고 나서부터 20초간 떨어지지 않고 계속 돈다. 지금 1개의 막대기에서 인접한 막대기까지 가는 데 1초 걸린다고 하면 5개의 접시를 전부 돌리는 데 최저 몇 초 걸릴까?

이 경우 전부의 접시가 적어도 1초간 이상은 돌고 있지 않으면 안 되는 것으로 한다. 또 기운을 붙이는 것은 떨어지기 직전에 해도 되는 것으로 한다. 즉 돌리고(또는 기운을 붙이고)부터 20초 경과했을 때 기운을 붙여도 되는 것으로 한다.

35초로 할 수 있다.

5개의 막대기(또는 그 위에서 돌리는 접시)를 좌로부터 차례로 A, B, C, D, E라 한다. 먼저 C를 돌리고(5초), B로 가서(6초), B를 돌리며(11초), 다음으로 A로 가서(12초), A를 돌리고(17초), B로 되돌아와서(18초), B를 기운을 붙이며(20초), 거듭 C로 되돌아 와서(21초), C를 기운을 붙이고(23초), D로 가서(24초), D를 돌리고(29

경과시간	5	11	17	20	23	29	35
A			돌림	3	6	9	18
B		돌림	6	기운 붙임	3	9	15
C	돌림	6	12	15	기운 붙임	6	12
D						돌림	6
E							돌림

각 접시를 돌리고(또는 기운을 붙이고)부터의 시간의 표

초), 마지막으로 E로 가서(30초), E를 돌린다(35초).

이때 A는 돌리고 나서부터 18초밖에 지나고 있지 않으므로 나머지 2초간은 돈다. 그래서 적어도 2초간은 전부 접시가 돌고 있는 것이 된다.

이러한 것을 위의 표와 같이 적어서 나타내면 돌리고(또는 기운을 붙이고)부터의 시간을 잘 알 수 있으므로 생각하는 데 편리하다. 그러나 기술하여 두려면 스페이스가 많이 필요하므로 다음과 같이 돌리는(또는 기운을 붙이는) 접시의 이름을 차례로 써서 배열하기로 한다.

CBABCDE

그런데 35초가 최저시간이라는 것, 즉 34초 이하에서는 모든 접시를 돌릴 수 없다는 것을 증명할 수 있을까? 조금 번거로울지 모르지만 그 증명을 해둔다.

하나의 접시를 돌려서(또는 기운을 붙여서)부터 19초 이내에 나머지 4개의 접시를 돌리면(또는 기운을 붙이면) 되는 것이다. 그 4개의 접시 전부에 5초씩 들이고 있으면 걷는 시간도 포함해서 최저 24초나 걸려 적합하지 않다. 3개의 접시에 5초 들이고, 하나의

접시에 2초 들였다고 해도, 최저 21초 걸리므로 역시 안 된다. 2개의 접시에 5초씩, 나머지 2개의 접시에 2초씩 들이면 최저 18초로 끝나, 이것은 19초 이내이므로 적합하다. 합계해서 말하면 5초 들인 접시가 5매이고, 2초 들인 접시가 2매이므로, 접시를 돌리는(또는 기운을 붙이는)데 들인 시간은 $5\times5+2\times2=29$초이다. 또 걷는데 필요한 시간은 전부해서 최저 6초이다. 따라서 $29+6=35$초는 절대로 걸린다.

여기서 이 '접시 돌리기'의 문제를 조금 더 일반화해 보자.

예제 35. n개의 막대기가 일직선상에 같은 간격으로 배열되어 있다. 접시를 돌리는 데는 5초 걸리지만, 기운을 붙이는 것만이라면 2초 걸린다. 돌린(또는 기운을 붙인) 접시는 손을 떼고 나서부터 2초간 계속 도는 것으로 하고, 1개의 막대기에서 바로 인접한 막대기까지 가는 데 1초 걸리는 것으로 하였을 때, n매의 접시를 전부 돌리는 데 필요한 최저시간 f(t, n)을 구하여라. 다만 전부의 접시가 1초 이상 돌고 있지 않으면 안된다. 또 기운을 붙이는 것은 접시가 떨어지기 직전(즉 꼭 t초 지났을 때)이라도 괜찮은 것으로 한다.

일반적인 f(t, n)은 구해져 있지 않았으나 예를 들어 조사해 보자.

f(20, 5)=35라는 것은 위의 〈예제 34〉로 알고 있다. 다음으로 f(20, 6)≤64임을 보여 둔다.

이 순서를 기호적으로 적으면

DCDEBCDEABCDEF

가 되지만 이 64초가 최저시간인지 아닌지는 지금으로서는 알 수

경과시간	5	11	14	20	28	31	34	37	46	49	52	55	58	64
A									돌림	3	6	9	12	18
B					돌림	3	6	9	18	기움 붙임	3	6	9	15
C		돌림	3	9	17	기운 붙임	3	6	15	18	기운 붙임	3	6	12
D	돌림	6	기운 붙임	6	14	17	기운 붙임	3	12	15	18	기운 붙임	3	9
E				돌림	8	11	14	기운 붙임	9	12	15	18	기운 붙임	6
F														돌림

없다.

여기서 $f(t, n)$에 대해서 일반적으로 성립하고 있는 것을 정리해 두자.

전부의 접시를 돌릴 수 있었다 하면 마지막 어느 것인가 어느 1매의 접시 P를 돌리고(또는 기운을 붙이고)부터 $t-1$초 이내에 나머지 $n-1$매의 접시를 돌렸을(또는 기운을 붙였을) 것이다.

(1) P 이외의 어떤 $n-1$매의 접시도 5초 들여서(걷는 시간을 넣으면 6초 들여서) 돌렸다 해도 전체로서 $t-1$초 내에 끝나면 $f(t, n)$의 계산은 할 수 있다.

$6(n-1)<t$ 라면 $f(t, n)=6n-1$

즉 어떤 접시도 5초 들여서 돌리고(계 $5n$초 걸리고) 인접한 접시로 가는 데 1초씩(계 $n-1$초) 걸리므로 $f(t, n)=5n+n-1=6n-1$.

(2) P 이외의 어떤 $n-1$매의 접시도 2초 들여서(걷는 시간도 넣으면 3초 들여서) 기운을 붙였다 해도 전체로서 t초 이상 걸리고 있었다 하면 접시를 전부 돌리는 것은 불가능하다.

$3(n-1) \geq t$일 때는 불가능

(3) 위의 (1)과 (2) 이외일 때, 즉 $3(n-1)<t\leq6(n-1)$일 때를 생각한다. 일반적으로 P 이외의 n-1매의 접시 중 2초 들여서 기운을 붙이는 접시가 m-1매라면 t초 이상이 되어 불가능하지만 m매라면 t-1초 이내에 가능하다고 하자.

$$3m+6(n-m-1)<t\leq3(m-1)+6(n-m)$$

이라 하면

$$m=[(6n-y)/3)]-1$$

이 된다. (여기서[ ]는 가우스의 기호이고 [x]는 x를 초과하지 않는 최대의 정수를 말한다)

$m=[(6n-t)/3]-1]$일 때 $6n+3m-1\leq f(t, n)$

가 성립하지만 이러한 것은 다음 페이지의 표를 보면 알 수 있을 것이다.

$9m-3<t$ 라면 전부의 접시를

$$5+6m+3m+6(n-m-1)=6n+3m-1$$

초로 돌릴 수 있다. 그러나 $9m-3\geq t$라면 전부의 접시를 돌릴 수 있었다 해도 이 이상 시간이 걸리므로 일반적으로는 $6n+3m-1\leq f(t, n)$이 성립할 뿐이다. 또 위에서 언급한 것처럼

$m=[(6n-t)/3]-1]$일 때 $9m-3<t$ 라면 $f(t, n)=6n+3m-1$

이 성립한다.

경과시간	5	11						9m+2				6n+3m+1
					돌림	3						
				돌림		기운 붙임						
m매		돌림										
	돌림	6						기운 붙임		6		6(n−m−1)
								9m−3	기운 붙임	돌림		
n−m−1매												
												돌림

위의 (1), (2), (3)을 바탕으로 하여 최저시간 f(t, n)의 표를 만들어 두자. 다음 페이지의 표에서 붙임표(-)는 n매의 접시를 전부 돌리는 것은 불가능한 부분이다. 공란의 장소도 아마 불가능할 것이라고 생각되는 부분이다. 또 굵은 실선의 위의 부분의 숫자는 최저시간이라는 것을 알고 있으나 굵은 실선의 아래 부분의 숫자는 지금으로서는 최저시간이라는 것에 대한 증명은 얻지 못하고 있다.

또 하나의 예로서 표 중의 f(30, 8)≤72를 다음에 보여 둔다.

이 순서를 기호로 적으면

DCBCDEFABCDEFGH

나머지 2개 정도 순서를 기호적으로 적어둔다.

f(40, 12)≤163의 순서는

EDEFGHICDEFGHIJBCDEFGHIJABCDEFGHIJKL

이 된다. 또 하나 f(60, 17)≤215의 순서는

KLJIHGFEFGHIJKLMDCBCDEFGHIJKLMNABCDEFGHIJKLM
NOPQ

최저시간 f(t, n)의 표

t \ n	1	2	3	4	5	6	7	8	9	10	11	12	13	14	15	16	17	18	19	20
120	5	11	17	23	29	35	41	47	53	59	65	71	77	83	89	95	101	107	113	119
110	5	11	17	23	29	35	41	47	53	59	65	71	77	83	89	95	101	107	113	125
100	5	11	17	23	29	35	41	47	53	59	65	71	77	83	89	95	101	107	122	134
90	5	11	17	23	29	35	41	47	53	59	65	71	77	83	89	98	110	122	134	146
80	5	11	17	23	29	35	41	47	53	59	65	71	77	83	95	107	119	131	147	171
70	5	11	17	23	29	35	41	47	53	59	65	71	80	92	104	116	133	158	185	240
60	5	11	17	23	29	35	41	47	53	59	65	80	92	105	127	156	215		-	-
50	5	11	17	23	29	35	41	47	53	65	77	90	114	149		-	-	-	-	-
40	5	11	17	23	29	35	41	50	62	76	101	163	-	-	-	-	-	-	-	-
30	5	11	17	23	29	38	50	72		-	-	-	-	-	-	-	-	-	-	-
20	5	11	17	23	35	64	-	-	-	-	-	-	-	-	-	-	-	-	-	-
10	5	11	20	-	-	-	-	-	-	-	-	-	-	-	-	-	-	-	-	-

	5	11	17	20	23	29	35	45	48	51	54	57	60	66	72
A								돌림	3	6	9	12	15	21	27
B			돌림	3	6	12	18	28	기운 붙임	3	6	9	12	18	24
C		돌림	6	기운 붙임	3	9	15	25	28	기운 붙임	3	6	9	15	21
D	돌림	6	12	15	기운 붙임	6	12	22	25	28	기운 붙임	3	6	12	18
E						돌림	6	16	19	22	25	기운 붙임	3	9	15
F							돌림	10	13	16	19	22	기운 붙임	6	12
G														돌림	6
H															돌림

처럼 상당히 길어진다.

'접시돌리기'의 퍼즐을 약간 실제에 가깝게 해서 전부의 접시를 돌리고 1초 지난 후 이번에는 어느 접시도 떨어뜨리지 않도록 정리한다는 퍼즐로 각색을 해본다. 이 경우 1매의 접시를 내리는 데 1초 걸린다고 하는 정도가 적당할 것이다. 예컨대 t=20이고 n=4일 때 26초로 전부의 접시를 돌리고 1초간 이상 접시를 돌리고 나서부터 정리하는데 10초 걸리므로 접시를 돌리기 시작해서부터 내릴 때까지의 시간은 36초라는 것이 된다.

이 순서는 기호적으로

BABCD * ABCD

라 적을 수 있다. 다만 * 표보다 앞쪽은 접시를 돌리는 순번이고 * 표보다 뒤쪽은 내리는 순번이다.

또한 막대기를 원둘레 상에 배열해 두는 문제 등도 생각할 수 있으나 실제 문제에 가까워짐에 따라 어려워진다.

【문제 57】 세계사 시험

세계사 시험에 '크림전쟁, 아편전쟁, 애로호 사건, 보불(프로이센-프랑스)전쟁, 청일전쟁을 연대가 오래된 순서로 배열하여라'라는 문제가 나왔다. A군과 B군은 아래의 표와 같은 해답을 하였다. 답안지를 되돌려 받았더니 A군은 정해가 없어 0점이고 B군은 정해가 1개로 2점이었다.

A군은 '아편, 크림, 애로, 보불'의 순서는 올바르기 때문에 아무리 뭐래도 0점은 잔인하다고 말하고 있다. 당연한 불평인데 그러면 어떻게 채점하는 것이 좋을까?

	1	2	3	4	5
A군의 해답	청일	아편	크림	애로	보불
B군의 해답	청일	보불	애로	아편	크림
정해	아편	크림	애로	보불	청일

【해답】

A군은 6점, B군은 1점.

5개 중 2개 끄집어내어 보면 그 끄집어내는 방법은 ${}_5C_2=10$가지 있다.

(아편, 크림), (아편, 애로), (아편, 보불), (아편, 청일), (크림, 애로), (크림, 보불), (크림, 청일), (애로, 보불), (애로, 청일), (보불, 청일)

이들 10조에 대해서 각각의 순번이 맞으면 1점을 준다면 10점 만점이 된다.

B군의 경우 (아편, 크림)의 순서밖에 맞지 않고 있기 때문에 1점이다.

A군의 경우 청일전쟁이 들어가 있는 4개가 틀리고 나머지 6개는 전부 맞고 있으므로 6점이다.

일반적으로 n개의 것을 순번으로 배열하는 문제일 때 만점을 ${}_nC_2=\frac{1}{2}n(n-1)$점으로 하는 것이 좋을 것이다. 채점은 2개씩의 각각의 조에 대해서 순번이 맞고 있는지 아닌지를 조사하는 것이다.

이러한 채점은 합리적이지만 점수를 매기는 것은 번거로워질 것 같다.

옛날에 사회 선생님께 이러한 것을 말했더니 아무리해도 이해를 해주지 않아 결국 가망이 없어 포기한 일이 있다. 그가 말하는 바에 따르면 “크림전쟁이 다른 것에 비해서 2번째로 오래된 부분에 절대적 의미가 있는 것이다.”라고.

【문제 58】 혼합 복식의 시합

4조의 부부가 혼합 복식 테니스시합을 하였다. 남녀 각 1명이 조가 돼서 다른 남녀의 조와 시합을 하는 것이다. 그런데 어느 사람도 한 번 조가 되었던 사람과는 두 번 다시 조가 되지 않는 것으로 하고 또 한 번 대전한 사람과도 두 번 다시 대전하지 않는 것으로 한다. 거듭 부부는 조가 되는 것도 적군 아군으로 나뉘어 대전하는 일도 하지 않는다.

이 사람들이 2면의 코트를 사용해서 합계 6시합(각 코트 3시합)을 하는 것은 가능할까?

【해답】

가능하다.

1회전에 각 코트에서 대전하는 남성을 각각 A와 B 및 C와 D라 한다. 또 2회전에 A가 대전하는 남성을 C라 한다. A, B, C, D의 부인을 각각 a, b, c, d라 나타내면 1회전의 가능한 조합은 다음의 네 가지이다.

① Ac대 Bd와 Ca대 Db ② Ac대 Bd와 Cb대 Da

③ Ad대 Bc와 Ca대 Db ④ Ad대 Bc와 Cb대 Da

그런데 ①의 경우 2회전은 Ad대 Cb와 Bc대 Da밖에 없다.

그러면 3회전은 Ab대 Dc와 Ba대 Cd가 된다. ②와 ③의 경우 2회전의 대전을 짤 수 없다.

마지막의 ④의 경우, 2회전은 Ab대 Cd와 Ba대 Dc뿐이다.

그러면 3회전은 Ac대 Db와 Bd대 Ca가 된다.

이상으로부터 실질적으로 다음 2개의 대전표만이 가능하다.

	대전표(1)	대전표(2)
1회전	AC대 Bd와 Ca대 Db	Ad대 BC와 Cb대 Da
2회전	Ad대 Cb와 BC대 Da	Ab대 Cd와 Ba대 DC
3회전	Ab대 DC와 Ba대 Cd	AC대 Db와 Bd대 Ca

이 문제는 듀도니 『퍼즐의 임금님』의 266번에 나와 있다.

【문제 59】 보스의 존재

어느 그룹의 어떤 2명에 대해서도 그중의 1명으로부터 다른 1명에의 명령 전달 계통이 분명히 되어 있는 것으로 한다. 그렇다면 이 그룹 중에는 반드시 보스가 있고 이 보스로부터 이 그룹의 전원에 명령이 전달되는 것을 증명하여라.

실은 이 명령도 보스가 직접 전달하든가, 사이에 1명의 사람을 두는 것만으로 전달할 수 있는 것을 증명하여라.

【해답】

그룹의 인원수 n에 대해서 수학적 귀납법으로 증명한다.

문제의 후반(즉 보스가 있고 보스로부터 1회나 2회의 전달로 가능한 것)을 증명만 하면 될 것이다.

n=2일 때에는 명백히 성립하고 있다.
n=k일 때의 정리를 가정하고 n=k+1일 때를 생각한다.

k+1명의 구성원 중의 한 사람 A를 제외한 나머지의 유명 중에는 귀납법의 가정으로부터 보스 B가 있고 그 보스 B로부터 직접 전달될 수 있는 사람들(그러한 사람들의 집합을 M이라 한다)과 그 사람들을 통해서 전달될 수 있는 사람들이 있다.

(가) B로부터 직접 A로 전달될 때

이때는 역시 B가 1명의 보스이고 1회 또는 2회의 전달로 전원에게 전달된다.

(나) M의 어떤 구성원 C로부터 직접 A로 전달될 때

이 경우도 역시 B가 k+1명의 보스이고 1회 또는 2회의 전달로 전원에게 전달된다.

(다) 위의 (가), (나)의 어느 것도 아닐 때

즉 (가)가 아니므로 A로부터 B쪽으로 전달된다. 또 (나)가 아니므로 M의 어떤 구성원으로부터도 A로 전달되지 않는다. 따라서 A로부터 직접 M의 각 구성원에게 전달 가능하다. 그러면 B 및 M의 각 구성원에게는 A로부터 직접 전달될 수 있고 그 이외의 구성원에게는 M의 어떤 구성원으로부터 직접 전달될 수 있으므로 A가 새로운 보스이다.

【문제 60】 야구의 6개 팀

야구 대회에 많은 팀이 출전하였는데 그중에서 어떤 6개 팀을 선정하였다 해도 그 6개 팀 중에는 반드시 '지금까지 서로 대전한 일이 있거나 혹은 지금까지 서로 한 번도 대전한 일이 없는' 것 같은 3개 팀이 있다는 것이다.

이러한 것을 증명하여라.

【해답】

다음과 같이 증명한다.

6개 팀 중의 A팀과 지금까지 대전한 일이 있는가 없는가에 따라서 나머지 5개 팀을 2조로 나눠 보면 어딘가의 조는 3개 팀 이상일 것이다. 〔일반화된 방 배당 논법〕 여기서는 A팀과 지금까지 대전한 팀 수 쪽이 3개 팀 이상이었다고 하자(A팀과 지금까지 대전한 일이 없는 팀이 3개 팀 이상이었다고 해도 나머지의 이야기는 마찬가지로 진행시킬 수 있다).

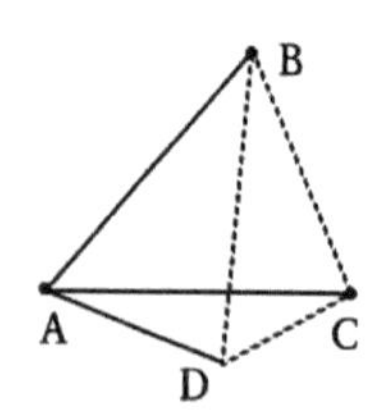

A팀과 대전한 일이 있는 3개 팀을 B, C, D팀이라 하자(대전한 일이 있는 팀끼리 왼쪽 그림처럼 실선으로 연결하였다). 만일 B, C, D의 3개 팀이 지금까지 서로 대전한 일이 없었다고 하면 3개 팀은 증명하려고 하는 조건에 맞는 3개 팀이라는 것이 되므로 이것으로 증명은 끝난다. 그래서 이 B, C, D의 3개 팀 중에 지금까지 대전한 일이 있는 2개 팀이 있었다 하자. 그러면 2개 팀과 A팀이 증명하려고 하는 조건에 맞는 3개 팀이라는 것이 된다.

따라서 언제라도 조건에 맞는 3개 팀이 있다는 것을 알 수 있다.

이 문제는 람제이의 정리라 불리고 있는 것의 간단한 경우이다.

【문제 61】 다다미를 까는 방법

다다미 여덟 장 넓이의 방에 8매의 다다미를 깐다. 이때 어떻게 깔아도 그림과 같이 반드시 세로 또는 가로로 2개의 직사각형으로 나뉘어 버리는 것을 증명하여라.

실은 다다미 여덟 장 넓이의 경우 2개 이상의 직선으로 다다미 여덟 장 넓이의 방은 분할되는 것이다.

【해답】

다음과 같이 증명한다.

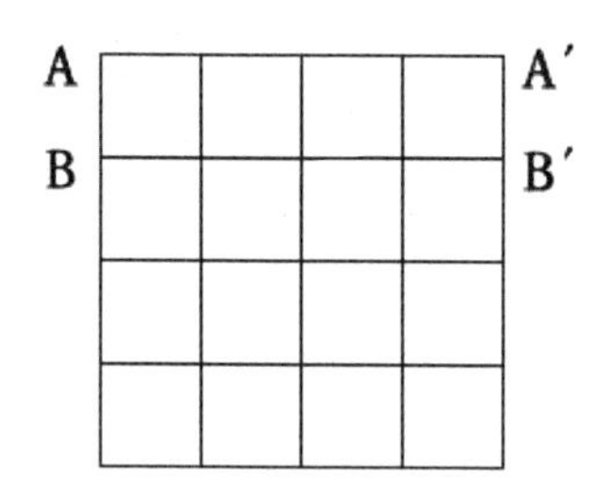

다다미 여덟 장 넓이의 방을 가로 세로 3개씩의 직선으로 바둑판무늬로 나누면 1매의 다다미를 깔면 반드시 이들 직선을 걸치게 된다. 즉 다다미의 수와 이들 직선을 걸치는 횟수는 1대 1로 대응하고 있다.

그런데 BB′를 걸치는 다다미가 1매 있으면 반드시 또 1매의 다다미가 BB′를 걸친다. 따라서 각각의 직선을 걸치는 다다미의 수는 0매이거나 2매이거나 4매의 어느 것인가이다. 직선으로 2개의 직사각형으로 나뉜다는 것은 걸치는 다다미의 수가 0매인 것 같은 직선이 있다는 것이다.

그런데 세로 또는 가로로 2개의 직사각형으로 나눌 수 없었다고 가정한다. 즉 걸치는 다다미의 수가 0매인 직선이 없었다고 생각하면 어느 직선도 그것을 걸치는 다다미의 수는 2매 이상이다. 그러면 다다미의 수는 6×2=12매 이상이 되어 불합리하다. 따라서 배리법에 따라 세로 또는 가로로 2개의 직사각형으로 나눌 수 있을 것이다.

1개의 직선만으로 2개의 직사각형으로 나뉘었다고 하면 다다미의 수는 5×2=10매 이상이 되어 역시 불합리하다. 따라서 2개 이상의 직선으로 다다미 여덟 장 넓이의 방은 분할된다.

이 문제는 러시아(구소련) 수학올림픽 문제다.

【문제 62】 개최지의 설정

어떤 모임에 소속되어 있는 사람들이 전국 도처에 살고 있으나 그 과반수는 도쿄에 살고 있다. 다음으로 교토, 오사카, 고베에 많이 살고 있다. 회의를 개최하려고 하는데 비용이 부담이므로 여비 총액을 최소한으로 생각하였다. 회의를 어디에서 개최하면 여비총액을 싸게 할 수 있을까? 여기서는 거리에 비례해서 여비가 드는 것으로 한다.

【해답】

도쿄에서 개최하는 것이 가장 싸다.

도쿄 이외 회원의 인원수를 m명이라 하고 그들 회원이 살고 있는 도시를 중복을 허용해서 A_1, A_2,……, A_m이라 한다. 도쿄를 T로 나타내고 도쿄에는 사명의 회원이 있는 것으로 하자. 가정으로부터 $m \leq n$이다.

회의의 개최지를 P라 하면

$$x = PA_1 + \cdots\cdots + PA_m + nPT$$

를 최소로 하는 문제이다.

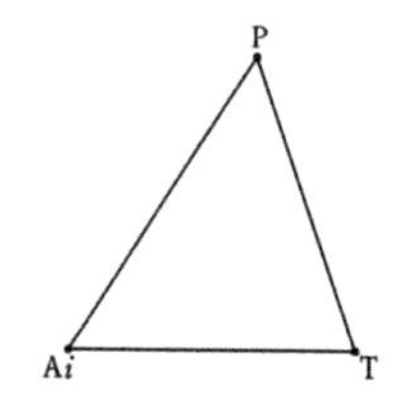

각 i에 대해서

$$PA_i + PT \geq TA_i$$

가 성립하므로

$$\begin{aligned} x &= (PA_1+PT)+\cdots\cdots+(PA_m+PT)+(n-m)PT \\ &\geq TA_1+\cdots\cdots+TA_m+(n-m)PT \\ &\geq TA_1+\cdots\cdots+TA_m \end{aligned}$$

즉 P가 T와 일치하였을 때(개최지가 도쿄일 때) x는 최소가 되어

$$x = TA_1 + \cdots\cdots + TA_m$$

이 된다. 따라서 도쿄에서 개최하는 것이 가장 싸다.

이 문제는 『리튼 수학퍼즐 문제 266』에 나와 있다.

【문제 63】 도시를 연결한다

어떤 2개의 도시 사이의 거리가 전부 다른 몇 갠가의 도시가 있다. 그때 어떤 도시에 대해서도 그 도시와 가장 가까운 도시의 사이에 길을 낸다. 게다가 이렇게 해서 만들어진 길 이외에는 길이 있지 않은 것으로 한다.

그러면 하나의 도시가 6개 이상의 도시와 길로 연결되는 일은 절대로 없다는 것이다. 이러한 것을 증명하여라(여기서 6개 이상이라고 할 때에는 6개도 포함해서 생각한다).

【해답】

다음과 같이 증명할 수 있다.

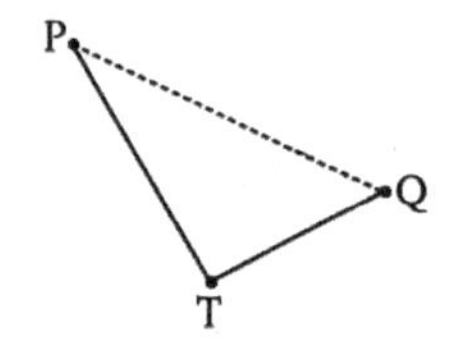

도시 T가 P, Q와 연결되어 있는 것으로 한다.

(가) T와 가장 가까운 도시가 P일 때. 이때 Q와 T가 연결되어 있으므로 Q와 가장 가까운 도시는 T라는 것을 알 수 있다.

PT<QT<PQ

(나) T와 가장 가까운 도시가 Q일 때.

위의 (가)와 마찬가지로 하여

QT<PT<PQ

(다) T와 가장 가까운 도시가 P, Q 이외일 때.

이때 P와 가장 가까운 도시는 T이고 Q와 가장 가까운 도시도 T이므로

PT<PQ, QT<PQ

이상의 ⑴, ⑵, ⑶의 어느 경우도 PQ는 △TPQ의 최대변으로 되어 있다. 따라서 ∠PTQ는 △TPQ의 최대각이다. 그러므로 ∠PTQ>60°

도시 T의 주위에는 60° 보다 큰 각은 기껏해야 5개 밖에 잡을 수 없다(6개 이상도 있었다 하면 각의 총합이 360°를 넘어버리기 때문이다—배리법).

따라서 1개의 도시 T와 연결할 수 있는 도시는 6개 이상은 잡을 수 없다.

이 문제는 스테인하우스 『수학 100의 문제』 71번이다.

【티 코너】(9)

36. 성냥개비를 배열하여 다음과 같이 HOTEL이라 적는다.

(1) A씨에게 처음 보는 B씨가 "호텔에 가지 않겠습니까?"라고 말하였다. A씨가 어떻게 하였는가를 성냥개비 1개를 치워서 답하여라.

(2) 이번에는 지인 C씨가 "호텔에 가자."라고 하였다. A씨의 대답을 성냥개비 3개를 움직여서 말하여라(Ok와 No의 대답 양쪽을 생각하기 바란다).

(3) 아베크(Avec)가 호텔에 있다. 두 사람은 무엇을 하고 있을까? 성냥개비 2개를 움직여서 대답하여라.

37. 꼬리를 꼿꼿이 세운 개가 있다고 말하면서 성냥개비로 오른쪽과 같은 개를 만든다.

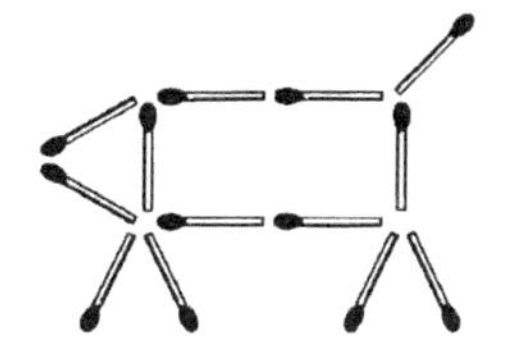

(1) 성냥개비 2개를 움직이는 것만으로 우측을 향하게 하여라. 그러나 이 개는 언제나 꼬리를 세우고 있다.

(2) 이 개가 덤프트럭에 치었다. 어떻게 되었는지, 성냥개비 2개를 움직여서 답하여라.

(3) 성냥개비 2개를 움직여서 개가 두 마리 이상이 되도록 하여라.

【해답】

36.

⑴ H의 가로막대기를 1개 치운다. 즉 '110번으로 TEL(전화)했다'

⑵ T의 세로막대기와 L의 2개를 움직여서 I와 P를 만든다. 'I HOPE'로 Yes의 대답이다. 그런데 No의 대답도 있다.

T의 가로막대기와 L의 2개를 움직여서 A를 만든다. 즉 '아호 이에'(역주: '바보 같은 소리하지 마'의 일본어)

⑶ H의 가로막대와 O의 우측 세로막대기를 움직여서 N과 E를 만든다. '네텔'이다.

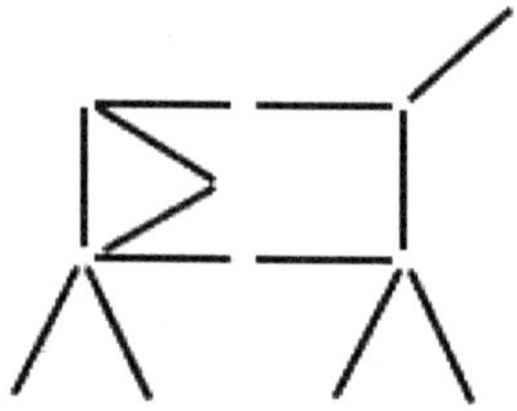

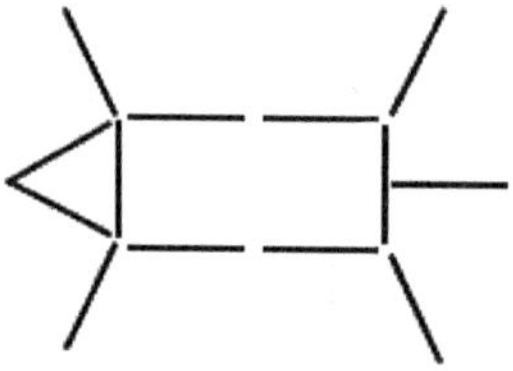

37.

⑴ 목만을 우측으로 돌린다.

⑵ 납작해졌다.

⑶ 배 속에 새끼가 있다.

X. 난문의 퍼즐

이 장의 절반 정도의 문제는 컴퓨터에 시킨 결과를 이용한 것이다. 컴퓨터에 시키다니 바르지 못한 방법이라는 사람이 있을지도 모른다. 그러나 컴퓨터에서 출력된 결과를 바라보다가 의외로 멋진 발견을 하는 일이 있다. 어떤 성질을 발견하였을 때의 기쁨과 그것을 확인할 수 있었을 때의 즐거움은 퍼즐의 재미에도 통하는 것이다.

매직 코너 (5)

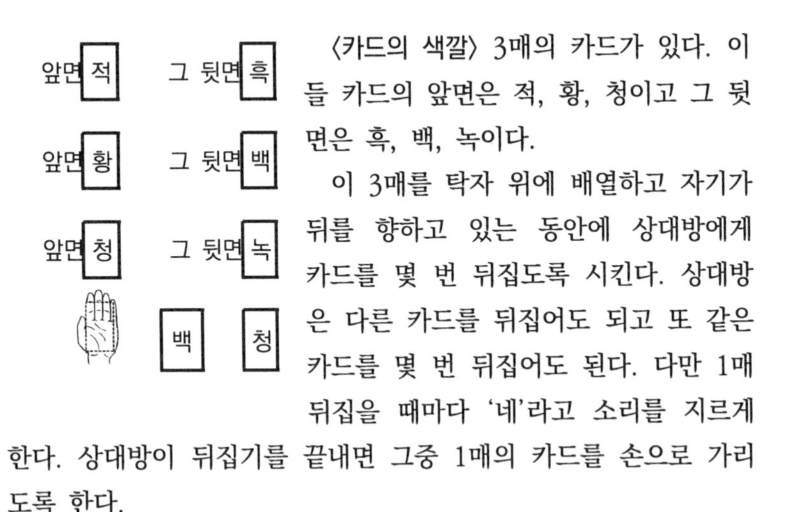

〈카드의 색깔〉 3매의 카드가 있다. 이들 카드의 앞면은 적, 황, 청이고 그 뒷면은 흑, 백, 녹이다.

이 3매를 탁자 위에 배열하고 자기가 뒤를 향하고 있는 동안에 상대방에게 카드를 몇 번 뒤집도록 시킨다. 상대방은 다른 카드를 뒤집어도 되고 또 같은 카드를 몇 번 뒤집어도 된다. 다만 1매 뒤집을 때마다 '네'라고 소리를 지르게 한다. 상대방이 뒤집기를 끝내면 그중 1매의 카드를 손으로 가리도록 한다.

이때 상대방 쪽으로 다시 돌아서서 손 밑에 가려져 있는 카드의 색깔을 맞히는 것이다.

뒤를 향하고 있는 동안에 '네'라는 소리가 몇 번인가를 센다. '네'라는 수가 짝수회라면 뒷면이 짝수매이고 홀수회라면 뒷면이 홀수매이다(교통표식의 색깔—적, 황, 청이 앞면이므로 어떤 것이 앞면인지 기억하기 쉬울 것이다) 그림의 예에서는 백색이 뒷면이고 청색은 앞면이므로 '네'의 수가 홀수회였다고 하면, 손 아래는 앞면일 것이므로 적색이라는 것이 된다.

컴퓨터와 퍼즐

수학적으로는 증명되어 있지는 않지만, 컴퓨터를 사용해서 실제로 조사해 보면 매우 많은 경우에 대해서 확실히 올바르다는 것이 입증될 때가 있다. I장에서 설명한 '골드바흐의 추측'이나 IV장에서 서술한 '4색 문제' 등도 그 예이다. 여기서는 그 이외의 예를 들어보자.

(A) 3배해서 1을 더한다

'임의의 자연수를 생각한다. 그 자연수가 짝수라면 2로 나누고 홀수라면 3배해서 1을 더한다. 이렇게 해서 만들어진 수에 또 위와 같은 조작을 반복하면 결국은 1이 된다'라는 것이다. 예컨대 9에 대해서 생각해 보자.

9→28→14→7→22→11→34→17→52→26→13→40→20→10→5→16→8→4→2→1

이와 같이 9는 19단계에서 확실히 1이 된다. 27등은 112단계에서 가까스로 1이 된다. 게다가 한 번은 9232라는 큰 수가 되기도 한다. 이 문제를 NHK 컴퓨터 강좌에서 듣고 재미있다고 생각하여 나도 해보았으나 확실히 어느 것도 1이 돼버린다. 왜 1이 되는가를 모른다는 것 때문에 더 재미있을 것이다. 그러나 증명을 할 수 없는 한 뜻하지 않은 반례가 발견되지 않는다고 단정할 수 없다.

'3배 해서 1을 뺀다'라면 어떨까? 바로 불가능하다는 것을 알 수 있다.

⑤→14→7→20→10→⑤

가 되어 루프(Loop)로 돼 버리기 때문이다.

그러면 '5배 해서 1을 더한다'는 어떨까. 이것도 루프가 만들어진다.

5→㉖→13→66→33→166→83→416→208→104→52→㉖

또 하나 '5배 해서 1을 뺀다'를 생각해 본다. 이번에는 루프가 만들어지는 것이 발견되고 있지 않지만 9등은 자꾸만 커져 버린다(300단계 이상 계산해 보았으나 100자릿수를 넘었다).

'3배 해서 1을 더한다' 쪽은 1이 되는데 5배 해서 1을 뺀다' 쪽은 자꾸만 커지는 것을 어째서일까. 물론 말끔한 증명은 아니지만 확률적으로는 그 근거를 설명할 수 있다.

먼저 3배 해서 1을 더한다' 쪽을 생각해 본다.

짝수 2n이라면 2로 나눠서 n으로 한다.

홀수 2n+1이라면 3(2n+1)+1=6n+4라 하고 거듭 2로 나눠서 3n+2로 한다. 결국 짝수라면 절반, 홀수라면 대략 1.5배가 된다.

어떤 자연수 N으로부터 시작해서 이 계산(짝수라면 절반으로 하고 홀수라면 대략 1.5배로 하는—2n+1을 3n+2로 하는—계산)을 반복한 결과 짝수로 된 것이 a회, 홀수로 된 것이 b회 있었다고 하면 a+b회의 계산에서 N은 대략 $(0.5)^a(1.5)^b N$이 된다. 그런데 횟수를 많이 잡으면 짝수와 홀수는 거의 같은 횟수가 나온다고 생각할 수 있으므로 a=b라 하면 $(0.75)^a N$이라 생각할 수 있다. 여기서 a를 무한대로 하면 $(0.75)^a N \to 0$이 되어 결국 '3배 해서 1을 더하는' 쪽은 몇 회인가 이 계산을 반복하면 차츰 작아지는 것을 확률적으로 말할 수 있다.

한편 '5배 해서 1을 빼는' 쪽을 생각해 보자.

짝수라면 절반으로 하고 홀수 2n+1 이라면 5(2n+1)-1=10n+4로 한 다음 거듭 이것을 2로 나눠서 5n+2로 한다. 그러면 대략 2.5배가 된다.

자연수 N부터 출발했을 때 짝수가 a회 나타나고 홀수가 6회

나타났다고 하면 a+b회의 계산 후 자연수 N은 대략

$(0.5)^a(2.5)^bN$

이 되지만 a+b를 크게 하면 a=b라 생각할 수 있으므로 $(1.25)^aN$ 이 되고 여기서 $\beta\to\infty$라 하면

$(1.25)^aN\to\infty$가 돼 버린다.

(B) 역순(逆順)의 합

임의의 자연수를 생각한다. 예컨대 그것을 789라 하자. 이 수와 각 자리의 숫자를 역의 순번으로 적은 수 987과의 합 1776을 구한다. 거듭 이 합과 그 역순의 수와의 합을 구한다. 이러한 것을 반복하면 4단계의 계산으로 회문적(回文的, 〈문제 36〉 참조)인 수(역순으로 한 수도 같아지는 수) 60666을 얻을 수 있다.

그러면 어떠한 수로부터 출발했다 하여도 몇 회인가의 계산 후에 언제라도 회문적인 수를 얻을 수 있을까. 100까지의 수를 조사해 보면 어느 것도 몇 단계인가의 뒤에 회문적인 수로 돼 버린다. 특히 89등은 24단계의 계산 후에 가까스로 회문적인 수 8813200023188이 된다.

다음으로 1000까지의 수를 조사해 보면 196과 879의 2종류의 수만은 모두 1000단계 이상의 계산을 반복하여 보았으나 회문적인 수로는 되지 않았다. 여기서 2종류라고 한 것은 196, 295, 394, 493, 592, 691, 790, 689, 788, 887, 986 등은 모두 같은 종류라 생각할 수 있다(몇 단계인가의 계산 후 같은 수를 얻을 수 있기 때문이다). 또 마찬가지로 879, 978도 같은 종류이다. 따라서 1000까지의 수 가운데 유한회의 단계로 회문적인 수가 되는 것을 알 수 없는 것은 위의 두 종류 13가지의 수뿐이다. 물론 1000단

```
    7 8 9
    9 8 7
  -------
  1 7 7 6
  6 7 7 1
  -------
  8 5 4 7
  7 4 5 8
---------
1 6 0 0 5
5 0 0 6 1
---------
6 6 0 6 6
```

계 이상의 계산을 반복하면 혹시 회문적인 수를 얻을 수 있을지도 모른다. 그러나 이 두 종류의 것에 대해서는 그 가능성이 매우 낮은 것이 아닌가 생각된다. 그러나 이것도 확률적인 이야기이고 말끔한 증명이 된 다음의 이야기는 아니다.

먼저 임의의 2개의 숫자 a와 b의 합이 자릿수가 올라가지 않는 확률을 구해 본다. a=0일 때 b는 10가지를 생각할 수 있고 a=1일 때는 b는 9가지 생각할 수 있다. 이와 같이 생각하면 자릿수가 올라가지 않는 경우의 수는

$$10+9+\cdots\cdots+2+1=55$$

가지이다. 따라서 임의의 2개의 숫자(0에서 9까지의 수)의 합이 자릿수가 올라가지 않는 확률은

$$\frac{55}{10\times10}=\frac{11}{20}\fallingdotseq\frac{1}{2}$$

이다. 2n 자리의 수와 그 역순의 수와의 합을 잡았을 때 회문적인 수가 되는 것은 각 자릿수 모두 자릿수가 올라가지 않을 때이므로 2n 자리의 수와 역순의 수의 합이 회문적인 수가 되는 확률은 대략 $\left(\frac{1}{2}\right)^n$이 된다. 2n+1자리의 수의 경우는 한가운데의 숫자가 자릿수가 올라가지 않는 확률은 $\frac{1}{2}$이므로 합이 회문적인 수가 되는 확률은 대략 $\left(\frac{1}{2}\right)^{n+1}$이 된다. 아무튼 자릿수 n이 증가하면 회문적인 수가 되는 확률은 0으로 접근하므로 그 가능성은 매우 희박하다고 할 수 있을 것이다.

그렇다 해도 89가 24단계에서 회문적인 수가 되는 것은 재미있는 것이 아닌가. 10000까지의 수를 조사해 보면 유한회의 단계로 회문적인 수가 되는 것을 모르고 있는 것은 위의 196, 879의 형태의 것 이외에 1997과 7059의 형태의 것까지 합계 4종류밖에

없다는 것도 뜻밖의 일이다. 또 10000까지의 수 가운데에서 회문적인 수로 되는 것을 알고 있는 것 중 가장 단계수가 많은 것은 89의 24단계이다. 그러나 5자리 이상의 수가 되면 이것보다 단계수가 많은 것도 발견되고 있다. 예컨대 10911은 무려 55단계를 거쳐서 4668731596684224866951 378664가 된다〔이 문제는 쓰보이츄지(坪井忠二) 선생이 잡지 『수학세미나』에 적고 있는 것이다〕.

(C) 복면(覆面)셈

〈문제 28〉의 부분에서도 언급해 둔 것처럼 덧셈이든 곱셈이든 복면셈의 문제를 로마문자대로 입력하여 주기만 하면 컴퓨터가 즉석에서 답을 출력시켜 준다. 이러한 의미에서는 컴퓨터의 덕분으로 이러한 종류의 퍼즐의 결말이 나버렸다고 해도 될 것이다.

덧셈의 경우는

10자릿수+10자릿수+10자릿수+10자릿수=10자릿수

라는 형식까지의 것이라면 어떠한 덧셈의 복면셈이어도 컴퓨터가 해준다〔물론 '10자릿수'라는 것은 '10자릿수' 이내의 심산이고 네 수의 합 뿐 아니라 두 수의 합이나 세 수의 합의 문제라도 할 수 있다〕.

예컨대 오른쪽과 같은 세 수의 합의 복면셈이라 해도 컴퓨터는 바로 답을 출력시켜 준다. 답은

```
  F O R T Y
      T E N
  +   T E N
  ---------
  S I X T Y
```

29786+850+850=31486

뿐이다.

곱셈의 경우는

10자릿수×10자릿수=10자릿수

라는 형식의 것이라면 역시 컴퓨터로 처리시키는 프로그램이 만들어져 있다.

예컨대 오른쪽과 같은 곱셈의 복면셈〔다나카 마사히코(田中正彦씨 만듦〕이라고 해도 바로 계산해 준다. 답은 253×188=47564의 하나뿐이다.

$$\begin{array}{r} H\ A\ M \\ \times\quad E\ G\ G \\ \hline T\ O\ A\ S\ T \end{array}$$

자릿수가 그다지 많지 않은 덧셈의 복면셈으로 풀이가 하나밖에 없는 것을 참고를 위해 적어 둔다.

1자릿수+1자릿수=1자릿수 (0가지)

1자릿수+1자릿수=2자릿수 (1가지)
A+B=AC (1+9=10)

2자릿수+1자릿수=2자릿수 (1가지)
AB+B=BA (89+9=98)

2자릿수+1자릿수=3자릿수 (6가지)
AA+A=BCD (99+9=108)
AA+B=BCC (99+1=100)
AA+B=CDC (99+2=101)
AB+A=BCC (91+9=100)
AB+B=CDC (92+9=101)
AB+B=CDD (95+5=100)

2자릿수+2자릿수=2자릿수 (0가지)
2자릿수+2자릿수=3자릿수 (40가지)
3자릿수+1자릿수=3자릿수 (16가지)
3자릿수+1자릿수=4자릿수 (6가지)
3자릿수+2자릿수=3자릿수 (79가지)
3자릿수+2자릿수=4자릿수 (192가지)
3자릿수+3자릿수=3자릿수 (187가지)
3자릿수+3자릿수=4자릿수 (2393가지)

마찬가지로 곱셈의 복면셈에 대해서도 자릿수가 그다지 많지 않은 것 중 풀이가 하나뿐인 것을 적어둔다.

1자릿수×1자릿수=1자릿수 (1가지)
A×A=A (1×1=1)

1자릿수×1자릿수=2자릿수 (0가지)

2자릿수×1자릿수=2자릿수 (2가지)
AA×A=AA (11×1=11)
AB×B=CA (42×2=84)

2자릿수×1자릿수=3자릿수 (19가지)
2자릿수×2자릿수=3자릿수 (53가지)
2자릿수×2자릿수=4자릿수 (246가지)

컴퓨터를 사용한 계산에 대해서는 많은 사람들—우베(宇部)단기대학의 후쿠다 도시히로(福田敏宏) 선생, 우베고등전문의 이와모토 도쿠로(岩本德郞) 선생, 야마모토 쇼고(山本省悟) 선생, 우베계산센터의 다나카 마사히코(田中正彦) 씨, 고베(神戶)대학의 다무라 나오유키(田村直之) 군—의 원고를 받았다. 지면을 빌려서 감사드린다. 실은 또 한 사람(?)의 숨은 원조자가 있다. 야마구치(山口)대학 교양부의 미니컴(FACOMU—200)이다. 장기간의 혹사에도 불구하고 소리를 내지 않고 계산해 주었다. 참으로 감사한다.

【문제 64】 곱의 숫자근

자연수의 각 자리 숫자의 곱을 구하고 그 곱이 2자릿수 이상이면 거듭 그 수의 각 자릿수의 숫자의 곱을 구한다. 이러한 것을 반복해서 얻어진 1자리의 수가 원래의 자연수의 곱의 숫자근이라는 것이었다(〈문제 26〉 참조).

각 자리의 곱을 취하는 계산을 1단계라 생각한다. 그런데 1단계의 계산으로 곱의 숫자근이 3이 되는 것은 있으나 2단계 이상의 계산으로 곱의 숫자근이 3이 되는 자연수는 있을까?

【해답】

이러한 자연수는 없다.

자연수 a의 곱의 숫자근이 3이었다고 하면 a의 각 자리의 숫자는 1, 3, 7, 9로부터만 되어 있다. 왜냐하면 어떤 자리에 짝수의 숫자나 5가 포함되어 있으면 a의 곱의 숫자근은 짝수나 5가 되어야 하기 때문이다. 그래서 a의 곱의 숫자근이 3이라면 a의 각 자리의 숫자는 1, 3, 7, 9로만 되어 있다. 〔배리법〕

a의 각 자리의 숫자의 곱을 b라 하면 $b=3^m7^n$이라 적을 수 있다. 그런데 b의 십의 자리의 숫자는 짝수라는 것이 성립한다(b가 1자릿수일 때도 십의 자리는 0으로 보아 짝수라 생각한다). 이러한 것은 m+n에 대한 수학적 귀납법으로 증명된다.

i) m+n=0(m=n=0)일 때 $3^07^0=1$이므로 십의 자리는 0이 되어 확실히 짝수로 되어 있다.

ii) m+n일 때 $3^m7^n=10p+q$. p는 짝수이고 9는 1, 3, 7, 9의 어느 것인가라고 가정하여 m+n+1일 때를 생각한다.

(가) $3^{m+1}7^n=30p+3q$라면 3q는 3, 9, 21, 27이므로 십의 자리는 짝수가 된다.

(나) $3^m7^{n+1}=70p+7q$라면 7q는 7, 21, 49, 63이므로 십의 자리는 짝수가 된다.

즉 b가 1자리의 수가 아닌 한 b의 곱의 숫자근은 짝수이다. 2단계 이상일 때를 생각하고 있는 것이므로 b가 1자릿수는 아니다. 따라서 a의 곱의 숫자근이 3이 되는 일은 없다.

【문제 65】 50㎝ 자

50㎝ 자가 있다. 그 자의 눈금이 대부분 지워져 잘 읽을 수 없으나 ㎝ 단위의 눈금 중 10개소만은 읽을 수 있다. 그래서 ㎝ 이하의 끝수는 생각하지 않기로 하면 이 자로 1㎝에서 50㎝까지의 길이를 측정하는 것은 조금도 부자유스럽지 않다는 것이다. 그러면 10개소의 눈금은 어디 어디에 붙어 있는 것일까?

【해답】

아래와 같은 2가지의 눈금을 붙이는 방법이 있다.

좌단으로부터 1㎝의 부분에 눈금, 거기에서 2㎝의 부분에 눈금, 이어서 3, 7, 7, 7, 7, 7, 4, 4㎝의 부분에 눈금이 붙어 있고 우단은 1㎝ 남아 있는 것처럼 되어 있으면 된다. 이것을

1, 2, 3, 7, 7, 7, 7, 7, 4, 4, 1

이라 적기로 한다. 또 하나

1, 1, 1, 20, 5, 4, 4, 4, 4, 3, 3

과 같이 눈금을 붙이면 된다는 것을 알 수 있다. 이것 이외의 눈금을 붙이는 방법이 없다는 것, 그리고 51㎝자에 10개소 눈금을 붙이는 것이라면 1㎝에서 51㎝까지 측정할 수 있는 것 같은 눈금을 붙이는 방법은 없다는 것 등, 컴퓨터를 장시간 사용해서 확인하고 있다.

그런데 일반적으로 눈금의 수가 n+5개일 때

1, 2, 3, $7^{(n)}$, 4, 4, 1

이라 눈금을 붙이면 1㎝에서 $7^{(n)}$+15㎝까지 전부 측정할 수 있는 것이 성립한다(여기서 $7^{(n)}$은 7을 n개 배열해서 적은 것의 약기이다).

또 눈금의 수가 n+7개일 때

1, 1, 4, 2, $9^{(n)}$, 3, 7, 3, 1

1, 4, 3, 4, $9^{(n)}$, 5, 1, 2, 2

등이라 눈금을 붙이면 1㎝에서 9n+22㎝까지 전부 측정할 수 있는 것도 성립하고 있다.

【문제 66】 변형 마방진

등간격의 바둑판무늬의 교점에 9개의 ○을 붙이기로 한다. 9개의 ○중에 1에서 9까지의 숫자를 넣어 정사각형이 만들어지는 4개의 ○의 숫자의 합이 어느 것도 같아지도록 하려고 한다.

즉 A+B+D+E=B+C+E+F

=D+E+G+H=E+F+H+I

=B+D+F+H=A+C+G+I

가 되도록 하려고 한다. 특히

A<C<G, A<I

가 되는 것을 구하여라.

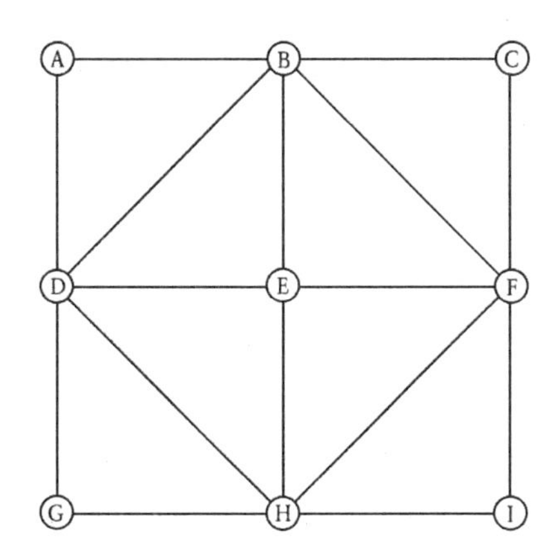

【해답】

아래의 그림처럼 하면 된다.

A+B+C+D+E+F+G+H+I=45 … ①

S=A+B+D+E=B+C+E+F

=D+E+G+H=E+F+H+I

=B+D+F+H=A+C+G+I … ②

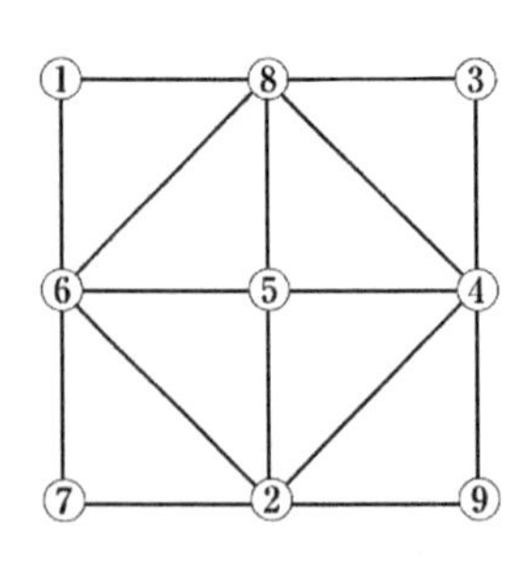

라 한다. ②식에서 1번째+2번째+3번째+4번째-5번째를 계산하면

4S-S-3E=45

S-E=15 … ③

또 ②식의 5번째 +6번째로부터

2S+E=45 … ④

③과 ④로부터 E=5, S=2

1에서 9까지의 자연수 중 4수의 합이 20이 되는 것 중 5를 포함하는 것은 다음의 4개를 생각할 수 있다.

5+1+6+8, 5+2+4+9

5+2+6+7, 5+3+4+8

이 중 1, 3, 7, 9는 한 번밖에 나오지 않으므로 A, C, G, I의 어느 것인가이다. 더구나 A는 이들 중 최소이므로 A=1. 그러면 B, D는 6이나 8의 어느 쪽이다. 정사각형 EFIH는 5, 2, 4, 9의 4수로부터 되어 있을 것이므로 I=9. 이것으로부터 C=3, G=7. 거듭 B=8, D=6, F=4, H=2임을 알 수 있다.

【문제 67】 단조증가 수열

차츰 커지는(상세히는 작아지지 않는) 0 이상의 정수로 구성된 수열이 있다. 예컨대

(1) 0, 1, 1, 3, 4, 4, 4, 6, 8, …

을 생각한다. 각 자연수 n에 대해서 n보다 작은 값을 취하는 것 같은 항의 개수를 이 수열 (1) 중에서 세어 이 개수를 n항으로 하는 수열을 만든다.

(2) 1, 3, 3, 4, 7, 7, 8, 8, …

새로운 수열 (2)에 대해서도 (1)에서 (2)를 만든 것과 마찬가지로 하여 다시 새로운 수열을 만들어라.

【해답】

불가사의 하계도 (1)과 마찬가지 수열을 만들 수 있다.

실은 수열 (1)을 어떻게 주어도 이러한 것이 성립하는 것이다. 일반적으로 음이 아닌 정수값만을 취하는 단조증가(비감소) 수열

(1) $a_1, a_2, a_3, \cdots, a_m, \cdots$

이 주어져 있다고 하자. 각 자연수 차에 대해서

$a_i<n$이 되는 a_i의 개수를 b_n개라 하면 음이 아닌 정수값을 취하는 단조비감소 수열

(2) $b_1, b_2, b_3, \cdots, b_n, \cdots$

이 얻어진다. 이 2개의 수열 사이에

(*) $a_m<n \rightleftarrows b_n \geq m$

이라는 관계가 성립하는 것이다. 이하의 증명에서 $a_i<n$을 충족하는 항 a_i의 개수를 $k=b_n$개 있다고 하자. 그러면

$a_1 \leq \cdots \leq a_k < n \leq a_{k+1} \leq a_{k+2} \leq \cdots$

가 성립하므로

$a_m<n \rightleftarrows k \geq m$

따라서 (*)의 증명은 끝났다. 다음으로 수열 (2)를 기초로 하여 $b_i<m$이 되는 b_i의 개수를 c_m이라 하면 새로운 수열

(3) $c_1, c_2, c_3, \cdots, c_m, \cdots$

을 만들 수 있다. 그러면

$b_n<m \rightleftarrows c_m \geq n$ $\quad\quad$ $\therefore\ a_m<n \rightleftarrows b_n \geq m \rightleftarrows c_m<n$

이 되므로 $a_m=c_m$

이 문제는 야마구치대학의 구라타(倉田吉喜) 선생께서 D. 게일의 논문 속에 나와 있다고 가르쳐 주셨다.

【문제 68】 꼭짓점 순회

凸육각형을 만드는 6개의 점이 있다. 이들 6개의 점을 빠짐없이 선분으로 연결해서 어느 선분도 교차하지 않는 도형은 전부 몇 개나 만들 수 있을까? 물론 역방향으로 따라간 도형도 같다고 생각한다.

다음으로 정육각형을 회전시키거나 뒤집거나 하여 같은 도형이 되는 것을 같은 종류라 생각하면 상이한 것이 전부 몇 종류 만들어질까?

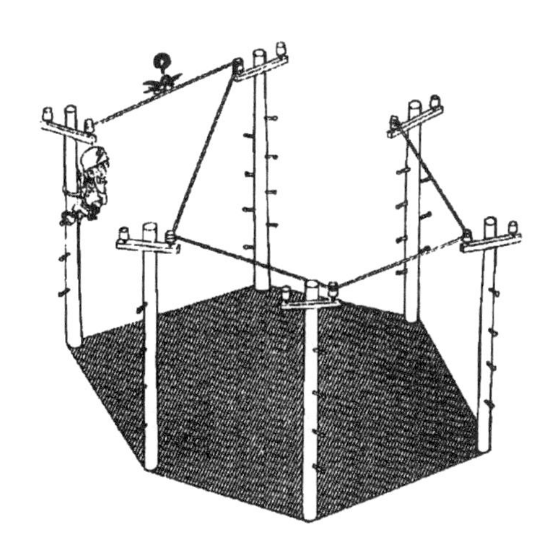

【해답】

6종류 48가지 있다.

6개의 꼭짓점에 1, 2, 3, 4, 5, 6이라 번호를 붙인다. 첫 꼭짓점 1부터 시작할 때를 생각한다. 1의 다음에 2로 가는 것과 6으로 가는 것의 2가지가 있으나 2로 갈 때 쪽을 생각해 보면

123456	123465
123645	123654
126345	126354
126534	126543

의 8개를 생각할 수 있다. 12 …의 것 8개, 16 …의 것도 8개 있으므로 1부터 시작되는 것은 16가지 있다. 처음이 1에서 6까지의 어느 것이어도 16가지 있으므로 $16 \times 6 = 96$가지이지만 이들은 출발점과 종점을 바꿔 넣은 것을 이중으로 세고 있으므로 $96 \div 2 = 48$가지이다.

회전시키거나 뒤집어서 같은 도형이 되는 것을 같은 종류라 하면 위의 12 …의 것 중 밑줄 친 6개뿐이다.

일반적으로 凸n각형에 대해서 결과만을 적어 둔다.

$n \geq 2$일 때, $2^{n-3} \times n$가지이고

$n=2n$일 때, $2^{2m-4}+2^{m-2}$종$(m \geq 2)$

$n=2m+1$일 때, $2^{2m-3}+2^{m-2}$종$(m \geq 1)$을 만들 수 있음을 알 수 있다.

【문제 69】 백과 흑의 삼각형

정삼각형의 각 변을 n등분하고 모든 등분점을 지나서 다른 변에 평행인 직선을 긋는다. 그러면 원래의 정삼각형은 합동인 n^2개의 작은 삼각형으로 분할된다. 이들 작은 삼각형 몇 개를 까맣게, 나머지를 백색으로 칠하기로 한다. 어떤 흑색의 작은 삼각형도 짝수개(0도 짝수 안에 포함시켜)의 백색의 작은 삼각형에 인접하고(변으로 접하고), 어떤 백색의 작은 삼각형도 홀수 개의 백색의 작은 삼각형에 인접하도록 하는 것이다.

이러한 작은 삼각형을 백색과 흑색으로 구분해서 칠한 것을 토대로 원래 정삼각형의 각각의 수선에 관해서 대칭으로 되어 있음을 증명하여라.

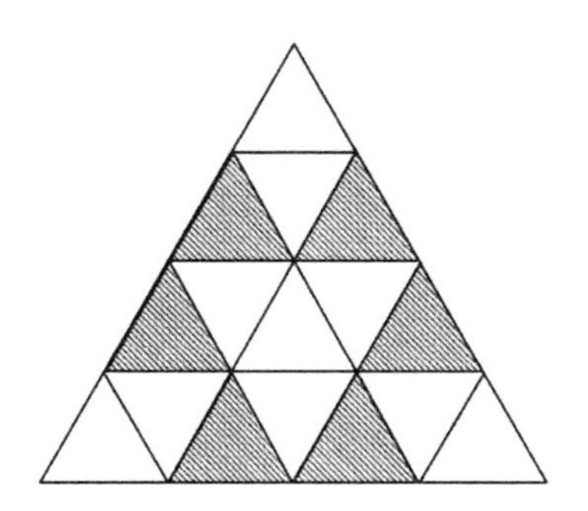

【해답】

배리법에 따라 증명한다.

정삼각형 ABC의 하나의 수선 AH에 관해서 대칭으로 되어 있음을 증명한다.

A에 가까운 작은 삼각형으로부터 순차로 아래로 보아가서 처음으로 대칭성이 무너지는 2개의 작은 삼각형 x와 y가 있었다고 하자. 즉 x와 y는 AH에 관해서 대칭인 위치에 있으나 색깔은 같지 않고 그 앞의 단계(아래의 2개의 그림에서 굵은 선의 테두리로 둘러싼 부분)에 대해서는 대칭성이 유지되어 있는 것으로 하는 것이다.

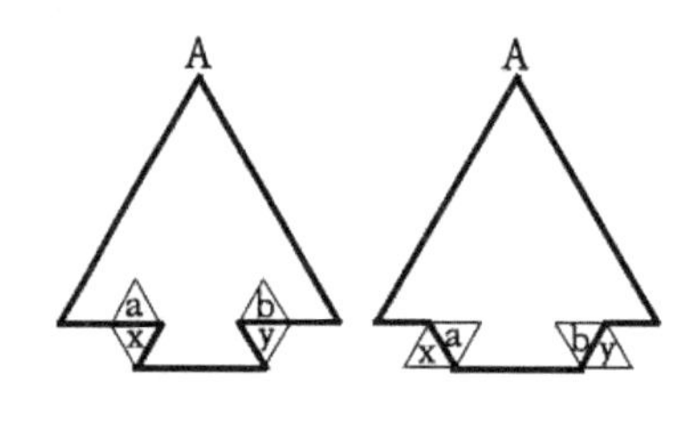

왼쪽 그림의 경우 x 및 y 위에서 인접하는 작은 삼각형을 각각 a 및 b라 한다. a와 b는 대칭성이 유지되어 있는 부분에 있으므로 같은 색이다. 그런데 x와 y의 색깔은 다르므로 a와 b에 인접하는 백색의 작은 삼각형의 개수는 한쪽은 짝수이고 다른 쪽은 홀수가 되어야 할 것이다. 이것은 a와 b가 같은 색이라는 것과 모순된다. 오른쪽 그림의 경우라도 마찬가지로 하여 불합리가 생긴다.

이들의 불합리는 대칭성을 갖지 않는다고 생각한 것으로부터 생긴 것이다.

따라서 대칭성이 유지되어 있다고 생각할 수 있다. 〔배리법〕

【문제 70】 3등분점의 대수학

평면상의 2개의 점 A와 B가 같은 점이라는 것을 $A=B$라 적기로 한다. 또 선분 AB의 3등분점 중 A에 가까운 쪽의 점을 $A \circ B$라 적기로 한다.

그러면 다음의 등식이 성립하는 것을 증명하여라.

(1) $A \circ A = A$

(2) $(A \circ B) \circ C = (A \circ C) \circ (B \circ C)$

(3) $(A \circ B) \circ (C \circ D) = (A \circ C) \circ (B \circ D)$

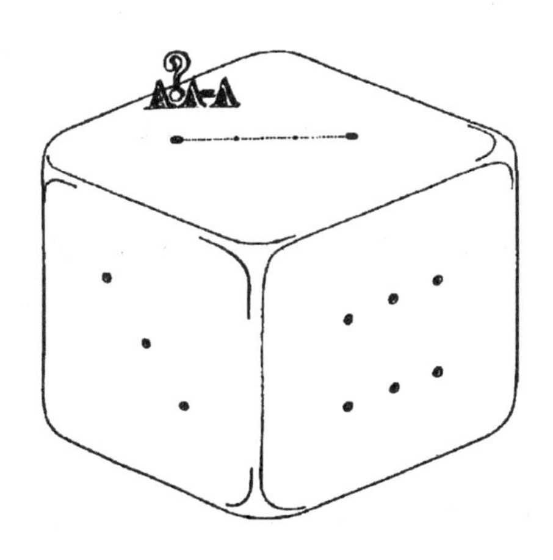

【해답】

⑶만을 증명한다.

⑴이 성립하는 것은 이해할 수 있을 것이다. 또 ⑶과 ⑴을 사용하면 ⑵는 간단히 증명할 수 있는 것이다.

$$(A \circ B) \circ C = (A \circ B) \circ (C \circ C)$$

$$= (A \circ C) \circ (B \circ C)$$

결국 ⑶만을 증명하면 된다는 것을 알 수 있다. 그러나 이 ⑶은 〈예제 23〉 중에서 이미 증명해 둔 것이다(〈예제 23〉 중에서는 C와 D가 교체는 되어 있었으나).

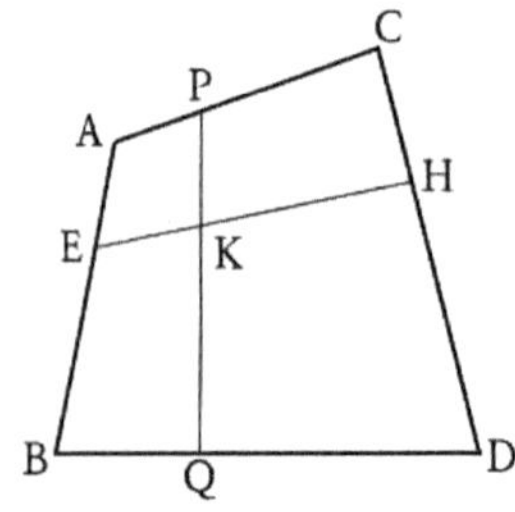

실은 이것을 일반화한 정리로 〈예제 26〉이 있었다. 이것을 언급하기 위해서 선분 AB의 m:n 내분점을 $A{}^{m}_{n}B$라 적기로 한다. $(m+n\neq0)$ 그러면 〈예제 26〉은

$$(A{}^{r}_{s}B){}^{p}_{q}(C{}^{r}_{s}D)=(A{}^{p}_{q}C){}^{r}_{s}(B{}^{p}_{q}D)$$

라 표현할 수 있다.

이러한 내분점의 대수학을 취급하는 데에 중요한 성질은

$$A{}^{m}_{n}B=B{}^{n}_{m}A$$

$$A{}^{m}_{n}B=A{}^{mk}_{nk}B$$

$$(A{}^{m}_{n}B){}^{\ell}_{m+n}C=A{}^{\ell}_{m}(B{}^{\ell}_{m}C)$$

등이다. 이것들을 사용하면 초등기하에서의 메넬라우스의 정리나 체바의 정리 등도 간단히 증명할 수 있다.

【티 코너】 ⑽

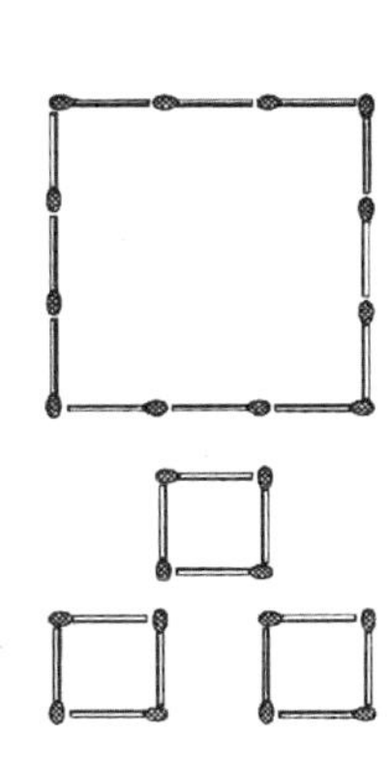

38. 성냥개비 12개를 사용해서 정사각형을 만들면 넓이 9의 도형을 만들 수 있다 (성냥개비 1개의 길이를 1이라 간주한다). 이 12개의 성냥개비를 전부 사용해서 넓이 8, 7, 6, 5, 4, 3의 것을 만들어라. 다만 아래 그림과 같은 뿔뿔이 흩어진 도형이 되어서는 안 된다. 거듭 넓이 2의 것, 1의 것 등도 연구해서 만들어라.

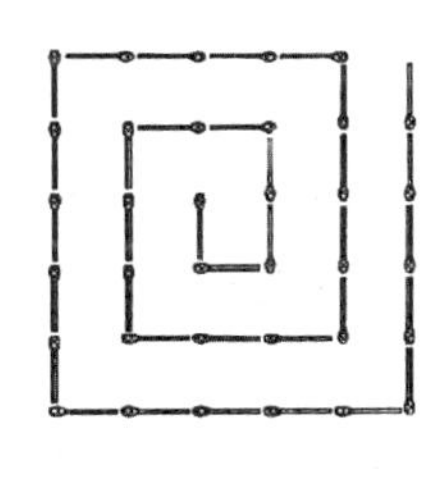

39. 성냥개비 35개로 '소용돌이'와 같은 형태가 만들어져 있다. 이 중에서 4개만 움직여서 정사각형을 4개 만들어라. 다만 어떤 정사각형을 만드는 데도 사용되고 있지 않은 것 같은 여분의 성냥개비는 없도록 해야 한다.

40. 1, 2, 3을 탁상 전자계산기에 표시되는 숫자로 나타내면 오른쪽과 같이 된다. 이러한 수를 성냥개비를 사용해서 표시하기로 한다.

⑴ 위의 1 2 3을 2개 움직여서 소수를 만들어라.

⑵ 마찬가지로 2개 움직여서 9의 배수를 만들어라.

⑶ 마찬가지로 성냥개비 1개를 움직이는 것만으로 소수를 만들 수 있다. 어떻게 하면 될까?

【해답】

38.

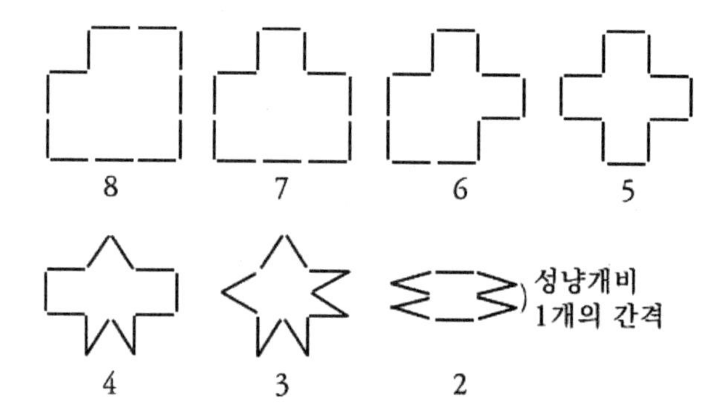

넓이 1의 것은 넓이 2의 것과 마찬가지로 단지 성냥개비 절반의 간격으로 하면 된다.

39. 한가운데의 4개를 제거하여 번호 1, 2, 3, 4가 붙은 곳으로 옮기면 1변의 길이가 1, 3, 4, 5의 정사각형이 4개 만들어진다(4의 번호에 붙은 성냥개비를 점선의 부분에 놓아도 정해를 얻을 수 있다).

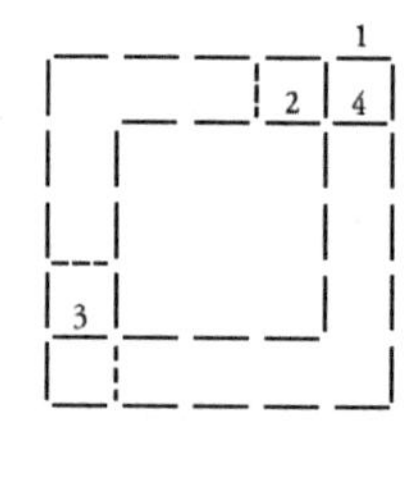

40.

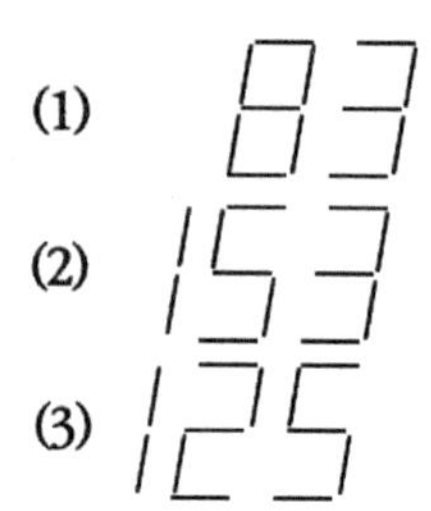

∞. 미해결의 퍼즐

미해결의 퍼즐이라는 것은 이 책에 적혀 있는 내용에 관련된 것 가운데 저자 자신이 현재로서 해결하지 못하고 있는 퍼즐이다. 어려운 것도 있겠지만 의외로 간단히 해결되는 것이 있을지도 모른다. 여러분의 도전을 기대하고 있다.

1 . 〈문제 33〉「각의 크기」에서는

∠ABD=20°, ∠DBC=60°

∠DCA=30°, ∠ACB=50°

일 때 ∠ADC 를 구하는 문제였으나 이번에는 아래 그림처럼

∠ABD=20°

∠DBC=60°

∠DCA=50°

∠ACB=30°

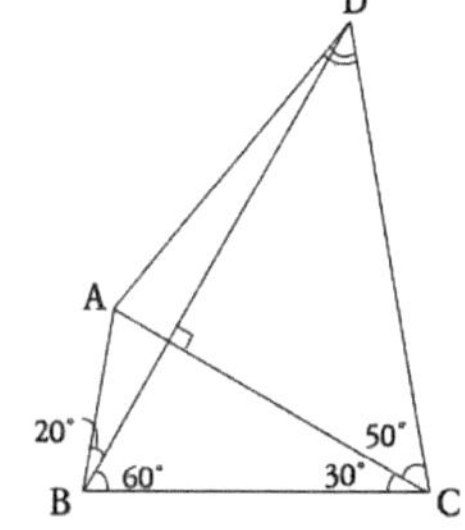

일 때 ∠ADC=50°가 되는 것을 초등기하학 적으로(삼각함수 등은 사용하지 않고) 증명하였으면 한다.

2. 〈문제 37〉「산책길」의 해답보다 더 간단한 방법은 없는 것일까?

동으로 1블록 걷는 것을 E, 서로 1블록 걷는 것을 $\overline{E}$, 남으로 1블록 걷는 것을 S, 북으로 1블록 걷는 것을 $\overline{S}$라 적기로 하면 해답 중의 가장 최후의 것은

$\mathrm{ESE}\overline{S}\mathrm{ESE}\overline{S}\mathrm{ESSS}\overline{E}\,\overline{S}\,\overline{E}\mathrm{S}\overline{E}\,\overline{S}\,\overline{E}\mathrm{S}\overline{E}\,\overline{S}\,\overline{S}\,\overline{S}$

라 적을 수 있다. 일반적으로 m행 n열의 길이 나 있는 시가지에 대해서 이러한 E, $\overline{E}$, S, $\overline{S}$의 배열 방법은 몇 가지 있느냐는 문제이다.

3. 〈문제 42〉「삼각형 퍼즐」을 일반화한 n개의 직선으로 삼각형은 최대 몇 개 만들 수 있느냐는 문제는 아직 풀리지 않고 있다. 최대 m개 만들 수 있었다고 하면,

⑴ $m \leq [\frac{1}{3}n(n-2)]$

⑵ n이 3 이상의 홀수라면

$m=[\frac{1}{3}n(n-2)]$

등은 성립할까?

특히 ⑴에 대해서는 『수리과학』에 나카무라 기사쿠(中村義作) 씨가 적고 있다. 또 ⑵에 대해서 n=11일 때의 반례를 만들 수 있을지도 모른다.

4. Ⅸ장의 「접시돌리기」의 문제이다. 〈예제 35〉의, f(t, n)을 구하는 일반식은 없을까? 적어도 〈예제 35〉의 후반부에 나오는 '최저시간 f(t, n)의 표'를 완성하고 싶은 것이다.

5. Ⅹ장의 (A) 「3배 해서 1을 더한다」에서는 어떤 수도 반드시 1이 되는 것은 어째서일까 하는 의문이다. 루프가 만들어지지 않는 이유조차 모르고 있다.

6. Ⅹ장의 (B) 「역순의 합」에서는 몇 개의 의문이 생긴다. 196이나 879 등은 절대로 회문적인 수로는 될 수 없다고 할 수 있을까라든가, 4자리까지의 수 가운데 회문적인 수가 될 것 같지도 않은 것은 4종류밖에 없는데도 5자릿수가 되면 바로 그 순간 그 개수가 증가하는 것은 어째서일까 하는 것 같은 의문이다.

또 자릿수가 증가하면 회문적인 수가 되는 확률은 매우 작아진다고 할 수 있는데, 그렇다면 회문적인 수가 되는 것 중 단계수가 최대로 되는 것이 있을까?

7. 〈문제 25〉나 Ⅹ장의 (C)에서 언급한 「복면셈」에서는 개개가 구체적인 복면셈이기만 하면 그 풀이를 모두 구하는 프로그램은 완성되어 있으나 예컨대 '5자릿수+5자릿수=6자릿수'가 되는 복면

셈 중 풀이가 하나밖에 없는 것은 어떠한 것이고 전부해서 몇 가지 있을까 하는 것은 미해결이다. 이것을 컴퓨터에 시킨다 해도 상당히 시간이 걸릴 것이다.

8. 〈문제 64〉「곱의 숫자근」에서 언급한 것과 마찬가지로 하여 2단계 이상의 계산을 한 뒤에 곱의 숫자근이 1, 3, 7, 9가 되는 것 같은 자연수는 없다는 것을 알 수 있다. 또 곱의 숫자근이 5로 되어 있다고 하면 원래의 자연수의 어떤 자리에 반드시 5가 포함되어 있다는 것도 증명할 수 있다. 그런데 단계수가 많아지면 얻어지는 곱의 숫자근은 언제나 0이 될 것으로 예상된다. 이러한 것도 단계수가 증가함에 따라 2와 5의 양쪽이 나오는 비율은 매우 높아지기 때문이다. 그러나 이것으로는 증명이라고는 할 수 없으므로 이 예상이 성립하는지 아닌지는 여전히 미해결이다. 또 어떤 단계 이상에서는 0 이외의 숫자근으로서 나오는 것은 대부분 6뿐이고 2, 4, 8, 5 등으로 되는 것이 매우 적은 것은 어째서일까?

9. 〈문제 65〉「50㎝ 자」에서는 눈금의 수와 측정할 수 있는 길이의 사이에 멋진 관계식이 없을까? 특히 눈금의 수가 11이나 12일 때 다음과 같은 눈금을 붙이면 측정할 수 있는 길이의 최댓값은 각각 58이나 67이 된다. 하지만 과연 이것 이외의 눈금을 붙이는 방법이 없는지 어떤지, 그것 이상의 길이까지 측정할 수 없는지(예컨대 눈금의 수가 11일 때 59㎝까지 측정할 수 있는 것 같은 눈금을 붙이는 방법이 있는지)라는 문제를 생각할 수 있다.

눈금의 수가 6일 때 1㎝에서 23㎝까지 전부 측정할 수 있도록 눈금을 붙일 수 있으나 24㎝ 자로 1㎝에서 24㎝까지 전부 측정할 수 있는 눈금을 붙이는 방법은 없다. 그러나 더 긴 자로 6개소에 눈금을 붙이는 것만으로 1㎝에서 24㎝까지 전부 측정할 수 있도록 하는 것은 가능하다. 39㎝ 자로

눈금의 수	측정할 수 있는 길이	눈금을 붙이는 방법
11	58	1, 1, 1, 24, 5, 4, 4, 4, 4, 4, 3, 3
		1, 1, 4, 2, 9, 9, 9, 9, 3, 7, 3, 1
		1, 4, 3, 4, 9, 9, 9, 9, 5, 1, 2, 2
12	67	1, 1, 4, 2, 9, 9, 9, 9, 9, 3, 7, 3, 1
		1, 4, 3, 4, 9, 9, 9, 9, 9, 5, 1, 2, 2

8, 7, 2, 3, 1, 10, 8

이라 눈금을 붙이면 1㎝에서 24㎝까지 측정할 수 있다.

이러한 사고를 눈금의 수가 5일 때에 대해서도 생각해 보면 다음과 같이 1㎝에서 18㎝까지 측정할 수 있다.

눈금의 수	자의 길이	측정할 수 있는 길이	눈금을 잡는 방법
5	24	18	2, 5, 7, 1, 3, 6
	25	18	2, 5, 6, 3, 1, 8
	31	18	5, 2, 6, 3, 1, 14
		18	6, 4, 5, 2, 1, 13

눈금의 수가 7 이상일 때에 대해서 이것과 마찬가지의 것을 생각하고 싶은 것이다. 예컨대 눈금의 수가 10일 때 51㎝보다 긴 자에 눈금을 잘 붙여서 1㎝에서 51㎝까지 전부 측정할 수 있도록 하였으면 한다.

10. 〈문제 66〉 「변형 마방진」을 일반화한 것에 대해서 생각해 보자. 가로세로 n+1개씩의 직선을 같은 간격으로(거리 1씩 떼어서) 그으면 n^2개의 작은 정사각형이 만들어진다. 이들 작은 정사각형

속에 1에서 n^2까지의 자연수를 넣는 것인데 4개의 작은 정사각형의 중심을 연결하면 멋지게 정사각형이 되는 것 같은 4개의 작은 정사각형에 대해서 이들 작은 정사각형에 적혀 있는 4개의 수의 합이 어느 것도 전부 같아지도록 했으면 한다.

A	B	C	D	…
F	G	H	I	…
K	L	M	N	…
P	Q	R	S	…

예컨대 오른쪽 그림에서 ABGF, ACMK, ADSP 등은 정사각형으로 되어 있고 BHLF나 CNQF 등도 정사각형으로 되어 있으므로 이들 수의 합이 전부 같아지도록 하여 달라는 것이다.

n=3일 때가 〈문제 66〉이고 해답은 1종류만 있었으나 n≥4가 되면 유감스럽게도 답이 없어진다. 따라서 조금 더 제한을 두기로 한다.

ABGF와 합동인(넓이 1의) 정사각형

BHLF와 합동인(넓이 2의) 정사각형

에 대해서만 생각하고 이들 2종류의 정사각형의 꼭짓점이 되는 4개의 작은 정사각형의 수의 합이 모두 일정하게 되도록 하고 싶은 것이다. 이러한 변형 마방진(회전, 뒤집기에 따라 겹치는 것은 같다고 생각하여)은 몇 가지 있을까?

n=2일 때 3가지　　　n=3일 때 9가지

n=4일 때 4가지　　　n=5일 때 9가지

n=6일 때 풀이 없음　　　n=7일 때 9가지

n=8일 때 풀이 없음　　　……

라는 것을 알고 있다. 이러한 것으로부터 n이 홀수일 때는 9가지이고 n이 6 이상의 짝수일 때는 풀이 없음이라는 예상이 서지만 현재로서는 미해결이다.

11. 〈문제 69〉「백과 흑의 삼각형」에서 백색과 흑색으로 구분해서 칠하는 방법은 n=2m일 때 2^m가지, n=2m+1일 때 2^m가지 있다는 것이 예상된다. 증명을 완성하고 있는 것은 2^m가지 이상이라는 것뿐이다.

12. 게임 코너 ⑴의 「트럼프 점」인데 A만이 4매 남는 확률은 어느 정도일까?

13. 게임 코너 ⑵의 「트럼프 게임」에서는 n=1, 2, 3, 5, 6, 7, 10, 11, 15 등은 선수 필승, n= 4, 8, 9, 12, 13, 14, 16 등은 후수 필승이 됨을 확인하고 있는데, 어떨 때 선수 필승이 되는지 알 수 있는 일반적인 공식은 없는 것일까?

거듭 손에 든 카드를 A, 2, 3, 4, … 라는 것처럼 바꿔 보면 어떻게 될까?

14. 게임 코너 ⑶의 「스틱 게임」에서는 5행 5열의 경우조차 선수 필승인지 아닌지를 모른다. 3행 7열, 5행 7열, 7행 7열 등에 대해서도 조사하였으면 한다.

후기

제자 "선생님, 퍼즐 책을 쓰신다면서요."

스승 "응. 지금 구상 중이지만 좀처럼 잘 안된다네."

제자 "퍼즐과 퀴즈는 다르지 않습니까?"

스승 "글쎄, 퀴즈라는 것은 사회과목과 같은 것이지. 외우고 있지 않으면 어찌할 도리가 없지. 그러나 퍼즐은 퀴즈와 대비해서 말하면 수학이라고 할 수 있을 것이다. 문제 속에 주어져 있는 조건만을 기초로 하고 나머지는 사고에 따라 푸는 것 일세."

제자 "그렇다면 어려워지는군요. 요즘에는 어려운 책은 팔리지 않습니다. 보자마자 머리에 번뜩이는 것이 아니면 안 됩니다. 곰곰이 생각하지 않으면 안 되는 책은 젊은이의 느낌에 맞지 않습니다."

스승 "그거야. 오늘날의 젊은이는 느낌으로 반응한다. 동물적인 반사신경뿐이야. 참으로 한탄스럽기 짝이 없지 않은가. 그래서 퍼즐과 같이 흥미를 가질 것 같은 재료를 사용해서 생각하는 습관을 붙이게 하려는 것이네."

제자 "그렇습니까. 그러면 이 책은 생각하는 것에 비중을 두고 썼다는 것이군요. 그렇다면 보통의 수학책과는 어떻게 다릅니까?"

스승 "수학의 책의 경우는 개개의 문제보다는 체계 쪽을 중요시한다. 문제는 그 체계를 이해하기 위한 수단이거나 그 응용이거나 하는 것이라네. 그러나 퍼즐 쪽은 체계로서 서술할 필요가 없으므로 하나하나 재미있을 것 같은 문제를 선택하기만 하면 된다."

제자 "서로 관계가 없는 뿔뿔이 흩어진 문제를 그러모아서 말입니까?"

스승 "그래도 좋겠지만 수학적 사고 방법이 모르는 사이에 몸에 배도록 하는 것 역시 하나의 목적이므로, 마찬가지 사고 방법을 사용하는 것 같은 문제가 여기저기 나오도록 하고 있다. 그러한 의미에서는 전혀 뿔뿔이 흩어졌다고는 할 수 없겠지. 또 하나 수학의 문제와의 차이는 앞에서도 말한 것처럼 누구라도 흥미를 가질 수 있는 것이 아니면 안 된다는 거다."

제자 "그거야 그렇지요. 그러나 그런 재미있는 문제가 엄청나게 많을까요?"

스승 "그것이 좀처럼 없어서 난처한 거야. 자네, 좋은 문제가 없을까?"

제자 "그러한 것을 우리들에게 말씀하셔도 모릅니다. 그저 선생님의 책이 나오는 것을 기다릴게요."

여기서 이 책이 탄생하기까지의 경위를 간단히 적어둔다. 옛날(1975) 봄이었던가, 『퍼즐 생물 입문』의 저자의 한 사람인 스즈키 젠지 선생으로부터 『퍼즐 수학 입문』을 저술하면 어떨까 하는 이야기가 있었다. 나 한 사람이 쓴다는 것은 자신이 없었기 때문에 후지무라 고자부로 선생께서 공저자가 되어주시면 매우 마음 든든하다고 생각하였다. 그래서 후지무라 선생께 부탁드렸더니 쾌히 맡아주셔서 이 책이 태어나게 된 것이다.

이 책을 저술함에 있어서 많은 분들의 원조와 조언을 받았다. 참으로 고마웠다.

마지막으로 퍼즐의 책답게 '퍼즐?'한 문제를 내고 끝마치기로 한다.

문제 「후기」에서 대담을 하고 있는 스승과 제자는 누구를 가리키고 있는가?

(답) 다음 줄을 보기 바란다.

다무라 사부로

참고서

이 책을 저술함에 있어서 참고로 한 책이나 잡지 속의 기사가 많다. 그들 중 가장 도움이 된 것은 역시 『퍼즐의 임금님 (1)~(4)』 (H. E. 듀도니 지음, 후지무라 고자부로 외 옮김) 였다. 그 이외의 책이나 잡지명은 인용하거나 참고로 한 부분에서 그때마다 적어 놓았으므로 여기서는 이들 책 이름 등은 적지 않기로 한다. 또 다음 책에 대해서는 사전 양해 없이 인용하기로 하였다.

『퍼즐과 추리 1, 2』 후지무라 고자부로 지음
『퍼즐과 사고』 후지무라 고자부로 지음
『수학퍼즐』 후지무라 고자부로 지음
『퍼즐과 문제』 후지무라 고자부로 지음
『퍼즐대담』 후지무라 고자부로·마쓰다 미치오 지음

등이다.

마지막으로 훌륭한 퍼즐 관계의 책을 소개한다.

『수학게임 I, II』 M. 가드너 지음(다카기 시게오 역)
『수리퍼즐』 이케노 노부이치 외 지음
『수학유원지』 다카기 시게오 지음
『궤변 논리학』 노자키 아기히로 지음

퍼즐 수학 입문

즐기면서 배우기 위하여

초판 1쇄 1979년 01월 15일
개정 1쇄 2020년 01월 13일

지은이 후지무라 고자부로·다무라 사부로
옮긴이 임승원
펴낸이 손영일
펴낸곳 전파과학사
주소 서울시 서대문구 증가로 18, 204호
등록 1956. 7. 23. 등록 제10-89호
전화 (02) 333-8877(8855)
FAX (02) 334-8092
홈페이지 www.s-wave.co.kr
E-mail chonpa2@hanmail.net
공식블로그 http://blog.naver.com/siencia

ISBN 978-89-7044-919-7 (03410)
파본은 구입처에서 교환해 드립니다.
정가는 커버에 표시되어 있습니다.

도서목록

현대과학신서

A1 일반상대론의 물리적 기초
A2 아인슈타인 I
A3 아인슈타인 II
A4 미지의 세계로의 여행
A5 천재의 정신병리
A6 자석 이야기
A7 러더퍼드와 원자의 본질
A9 중력
A10 중국과학의 사상
A11 재미있는 물리실험
A12 물리학이란 무엇인가
A13 불교와 자연과학
A14 대륙은 움직인다
A15 대륙은 살아있다
A16 창조 공학
A17 분자생물학 입문 I
A18 물
A19 재미있는 물리학 I
A20 재미있는 물리학 II
A21 우리가 처음은 아니다
A22 바이러스의 세계
A23 탐구학습 과학실험
A24 과학사의 뒷얘기 1
A25 과학사의 뒷얘기 2
A26 과학사의 뒷얘기 3
A27 과학사의 뒷얘기 4
A28 공간의 역사
A29 물리학을 뒤흔든 30년
A30 별의 물리
A31 신소재 혁명
A32 현대과학의 기독교적 이해
A33 서양과학사
A34 생명의 뿌리
A35 물리학사
A36 자기개발법
A37 양자전자공학
A38 과학 재능의 교육
A39 마찰 이야기
A40 지질학, 지구사 그리고 인류
A41 레이저 이야기
A42 생명의 기원
A43 공기의 탐구
A44 바이오 센서
A45 동물의 사회행동
A46 아이작 뉴턴
A47 생물학사
A48 레이저와 홀러그러피
A49 처음 3분간
A50 종교와 과학
A51 물리철학
A52 화학과 범죄
A53 수학의 약점
A54 생명이란 무엇인가
A55 양자역학의 세계상
A56 일본인과 근대과학
A57 호르몬
A58 생활 속의 화학
A59 셈과 사람과 컴퓨터
A60 우리가 먹는 화학물질
A61 물리법칙의 특성
A62 진화
A63 아시모프의 천문학 입문
A64 잃어버린 장
A65 별· 은하 우주

도서목록

BLUE BACKS

1. 광합성의 세계
2. 원자핵의 세계
3. 맥스웰의 도깨비
4. 원소란 무엇인가
5. 4차원의 세계
6. 우주란 무엇인가
7. 지구란 무엇인가
8. 새로운 생물학(품절)
9. 마이컴의 제작법(절판)
10. 과학사의 새로운 관점
11. 생명의 물리학(품절)
12. 인류가 나타난 날 I (품절)
13. 인류가 나타난 날 II (품절)
14. 잠이란 무엇인가
15. 양자역학의 세계
16. 생명합성에의 길(품절)
17. 상대론적 우주론
18. 신체의 소사전
19. 생명의 탄생(품절)
20. 인간 영양학(절판)
21. 식물의 병(절판)
22. 물성물리학의 세계
23. 물리학의 재발견〈상〉
24. 생명을 만드는 물질
25. 물이란 무엇인가(품절)
26. 촉매란 무엇인가(품절)
27. 기계의 재발견
28. 공간학에의 초대(품절)
29. 행성과 생명(품절)
30. 구급의학 입문(절판)
31. 물리학의 재발견〈하〉
32. 열 번째 행성
33. 수의 장난감상자
34. 전파기술에의 초대
35. 유전독물
36. 인터페론이란 무엇인가
37. 쿼크
38. 전파기술입문
39. 유전자에 관한 50가지 기초지식
40. 4차원 문답
41. 과학적 트레이닝(절판)
42. 소립자론의 세계
43. 쉬운 역학 교실(품절)
44. 전자기파란 무엇인가
45. 초광속입자 타키온
46. 파인 세라믹스
47. 아인슈타인의 생애
48. 식물의 섹스
49. 바이오 테크놀러지
50. 새로운 화학
51. 나는 전자이다
52. 분자생물학 입문
53. 유전자가 말하는 생명의 모습
54. 분체의 과학(품절)
55. 섹스 사이언스
56. 교실에서 못 배우는 식물이야기(품절)
57. 화학이 좋아지는 책
58. 유기화학이 좋아지는 책
59. 노화는 왜 일어나는가
60. 리더십의 과학(절판)
61. DNA학 입문
62. 아몰퍼스
63. 안테나의 과학
64. 방정식의 이해와 해법
65. 단백질이란 무엇인가
66. 자석의 ABC
67. 물리학의 ABC
68. 천체관측 가이드(품절)
69. 노벨상으로 말하는 20세기 물리학
70. 지능이란 무엇인가
71. 과학자와 기독교(품절)
72. 알기 쉬운 양자론
73. 전자기학의 ABC
74. 세포의 사회(품절)
75. 산수 100가지 난문·기문
76. 반물질의 세계(품절)
77. 생체막이란 무엇인가(품절)
78. 빛으로 말하는 현대물리학
79. 소사전·미생물의 수첩(품절)
80. 새로운 유기화학(품절)
81. 중성자 물리의 세계
82. 초고진공이 여는 세계
83. 프랑스 혁명과 수학자들
84. 초전도란 무엇인가
85. 괴담의 과학(품절)
86. 전파난 위험하지 않은가
87. 과학자는 왜 선취권을 노리는가?
88. 플라스마의 세계
89. 머리가 좋아지는 영양학
90. 수학 질문 상자

91. 컴퓨터 그래픽의 세계
92. 퍼스컴 통계학 입문
93. OS/2로의 초대
94. 분리의 과학
95. 바다 야채
96. 잃어버린 세계·과학의 여행
97. 식물 바이오 테크놀러지
98. 새로운 양자생물학(품절)
99. 꿈의 신소재·기능성 고분자
100. 바이오 테크놀러지 용어사전
101. Quick C 첫걸음
102. 지식공학 입문
103. 퍼스컴으로 즐기는 수학
104. PC통신 입문
105. RNA 이야기
106. 인공지능의 ABC
107. 진화론이 변하고 있다
108. 지구의 수호신·성층권 오존
109. MS-Window란 무엇인가
110. 오답으로부터 배운다
111. PC C언어 입문
112. 시간의 불가사의
113. 뇌사란 무엇인가?
114. 세라믹 센서
115. PC LAN은 무엇인가?
116. 생물물리의 최전선
117. 사람은 방사선에 왜 약한가?
118. 신기한 화학 매직
119. 모터를 알기 쉽게 배운다
120. 상대론의 ABC
121. 수학기피증의 진찰실
122. 방사능을 생각한다
123. 조리요령의 과학
124. 앞을 내다보는 통계학
125. 원주율 π의 불가사의
126. 마취의 과학
127. 양자우주를 엿보다
128. 카오스와 프랙털
129. 뇌 100가지 새로운 지식
130. 만화수학 소사전
131. 화학사 상식을 다시보다
132. 17억 년 전의 원자로
133. 다리의 모든 것
134. 식물의 생명상
135. 수학 아직 이러한 것을 모른다
136. 우리 주변의 화학물질
137. 교실에서 가르쳐주지 않는 지구이야기
138. 죽음을 초월하는 마음의 과학
139. 화학 재치문답
140. 공룡은 어떤 생물이었나
141. 시세를 연구한다
142. 스트레스와 면역
143. 나는 효소이다
144. 이기적인 유전자란 무엇인가
145. 인재는 불량사원에서 찾아라
146. 기능성 식품의 경이
147. 바이오 식품의 경이
148. 몸 속의 원소 여행
149. 궁극의 가속기 SSC와 21세기 물리학
150. 지구환경의 참과 거짓
151. 중성미자 천문학
152. 제2의 지구란 있는가
153. 아이는 이처럼 지쳐 있다
154. 중국의학에서 본 병 아닌 병
155. 화학이 만든 놀라운 기능재료
156. 수학 퍼즐 랜드
157. PC로 도전하는 원주율
158. 대인 관계의 심리학
159. PC로 즐기는 물리 시뮬레이션
160. 대인관계의 심리학
161. 화학반응은 왜 일어나는가
162. 한방의 과학
163. 초능력과 기의 수수께끼에 도전한다
164. 과학·재미있는 질문 상자
165. 컴퓨터 바이러스
166. 산수 100가지 난문·기문 3
167. 속산 100의 테크닉
168. 에너지로 말하는 현대 물리학
169. 전철 안에서도 할 수 있는 정보처리
170. 슈퍼파워 효소의 경이
171. 화학 오답집
172. 태양전지를 익숙하게 다룬다
173. 무리수의 불가사의
174. 과일의 박물학
175. 응용초전도
176. 무한의 불가사의
177. 전기란 무엇인가
178. 0의 불가사의
179. 솔리톤이란 무엇인가?
180. 여자의 뇌·남자의 뇌
181. 심장병을 예방하자